普通高等教育"十四五"规划教材

Altium Designer
原理图与PCB设计

主　编 ◎ 邓　奕

副主编 ◎ 陈吹信　王　磊　吴　方　黄梅志

华中科技大学出版社

http://press.hust.edu.cn

中国·武汉

内 容 简 介

本书从初学者的角度出发,以全新的视角、合理的布局,系统地介绍了 Altium Designer Summer 09 的各项功能和提高作图效率的技巧,并以具体的实例详细介绍了电路板设计及制作的流程。

本书共 15 章,循序渐进地介绍了 Altium Designer Summer 09 概述、Altium Designer Summer 09 快速入门、原理图的绘制、原理图的后续处理、元件库的建立、层次式电路原理图的设计、电路原理图工程设计实例、PCB 编辑环境、PCB 设计系统的操作、PCB 设计规则与信号分析、人工布线制作 PCB、自动布线制作 PCB、制作元件封装和 PCB 工程设计实例、电路仿真等。除了各章节的操作实例之外,本书还为读者精心挑选了"I/V 变换信号调理电路设计"以及"小型调频发射机电路设计"两个工程实例,这两个实例在实际工程中经常使用,读者可以在此基础上完成实际电路的设计和产品的制作。

本书为了方便教师教学,特赠送:①本书实例所涉及的原始文件、实例结果文件;②教学大纲和实验大纲;③配套电子课件;④配套实验指导书等。任课教师可以发邮件至 hustpeiit@163.com 索取。

本书内容系统完整,实用性、专业性强,主要面向从事原理图和 PCB 设计的专业人员和对电路板设计感兴趣的电子爱好者。同时,本书还可以作为各类培训班及大中专院校自动化、电气工程、电子信息、机电一体化、通信工程、光电工程等相关专业的教材。

图书在版编目(CIP)数据

Altium Designer 原理图与 PCB 设计/邓奕主编. —武汉:华中科技大学出版社,2014.12(2024.9重印)
应用型本科信息大类专业"十二五"规划教材
ISBN 978-7-5609-9039-2

Ⅰ.①A… Ⅱ.①邓… Ⅲ.①印刷电路-计算机辅助设计-应用软件-高等学校-教材 Ⅳ.①TN410.2

中国版本图书馆 CIP 数据核字(2014)第 289993 号

Altium Designer 原理图与 PCB 设计　　　　　　　　　　　　　　　邓奕　主编

策划编辑:康　序
责任编辑:张　琼
封面设计:孢　子
责任监印:张正林
出版发行:华中科技大学出版社(中国·武汉)　　电话:(027)81321913
　　　　　武汉市东湖新技术开发区华工科技园　　邮编:430223
录　排:武汉正风天下文化发展有限责任公司
印　刷:广东虎彩云印刷有限公司
开　本:787mm×1092mm　1/16
印　张:14.5
字　数:376 千字
版　次:2024 年 9 月第 1 版第 6 次印刷
定　价:45.00 元

只有无知，没有不满。

Only ignorant, no resentment.

....................迈克尔·法拉第(Michael Faraday)

迈克尔·法拉第（1791—1867）：英国著名物理学家、化学家，在电磁学、化学、电化学等领域都作出过杰出贡献。

应用型本科信息大类专业"十二五"规划教材

编审委员会名单

（按姓氏笔画排列）

内容和特点

随着电子、信息、汽车、计算机等各个行业的飞速发展,电子线路的设计也日趋复杂,传统的人工设计方式早已无法适应时代的发展,取而代之的是便捷和高效的计算机辅助设计方式,因此各种各样的电子设计自动化软件也应运而生,Altium Designer 09 就是这些软件中的典型代表。在众多计算机辅助设计工具云集的今天,Altium Designer 软件也在不停地发展和升级,但是历经各种考验的 Altium Designer 09 以其稳定、易用、高效等优点赢得了众多电子设计者的青睐,在众多大中型科技公司中得到广泛的应用。

本书以实例讲解为核心,既注重软件操作细节的介绍也注重工程设计经验的讲解,避免了空洞的理论说教,因此可以使读者在学习时有的放矢。

本书的作者有着丰富的电路设计经验和 Altium Designer 09 软件操作经验。内容安排上:一方面,全面、系统地介绍 Altium Designer 09 中各类命令的功能、操作方法和使用技巧,同时用多个简单的实例讲解功能、方法和技巧,让读者对其有直观的了解;另一方面,以两个具体的工程实际电路为例,详细地介绍电路板设计的全过程,这对初次接触电路板设计的工程人员是十分有利的。

本书主要内容介绍如下。

● 第 1 章　概述。本章主要对 Altium Designer Summer 09 进行概要性的介绍,使读者对 Altium Designer Summer 09 的组成、特点、安装和运行环境有一个基本的了解,简要介绍电路板的设计和制作步骤,使读者对电路原理图和印制电路板的设计工作流程有一个整体的把握。

● 第 2 章　Altium Designer Summer 09 快速入门。本章首先介绍 Altium Designer Summer 09 的绘图环境和系统参数设置,然后介绍如何创建新项目,以及 Altium Designer Summer 09 的项目管理。

● 第 3 章　原理图的绘制。本章主要学习如何载入元件库,元件的查找、放置和属性编辑等。通过对布线工具的学习,学会一般电路原理图的绘制;通过对绘图工具的学习,学会绘制多边形、圆弧、贝塞尔曲线等。

● 第 4 章 原理图的后续处理。本章主要介绍如何通过 PCB 设计规则实现对电路图的检查,检查无误后,就可以生成网络表和元件报表等常用报表以备后用。

● 第 5 章 元件库的建立。本章主要讲解如何使用元件库编辑器来绘制库元件,并生成元件库报表。

● 第 6 章 层次式电路原理图的设计。本章主要介绍层次式电路原理图的概念、组件以及设计方法,然后介绍各层次式电路原理图之间的切换以及如何生成报表。

● 第 7 章 电路原理图工程设计实例。本章主要结合 I/V 变换信号调理电路设计和小型调频发射机电路设计两个工程实例来详细讲解,让读者能轻松设计一般电路。

● 第 8 章 PCB 编辑环境。本章将结合实例,根据所设计的原理图产生网络表,在 PCB 设计中引入网络表,从而开始印制电路板的制作。

● 第 9 章 PCB 设计系统的操作。本章主要介绍制作 PCB 的操作,在制作过程中如何正确使用各个操作按钮,并介绍如何正确设置各元件的参数,以便为印制电路板设计打下基础。

● 第 10 章 PCB 设计规则与信号分析。本章主要介绍 PCB 的设计规则,包括电气规则、布线规则、SMT 规则、阻焊规则、高速线路规则、布局规则以及信号完整性规则等,只有熟练掌握了这些设计规则,才能设计出高性能的电路板。

● 第 11 章 人工布线制作 PCB。本章主要介绍人工布线制作 PCB 的方法,人工布线制作 PCB 主要有两步:①定义电路板;②放置设计对象。

● 第 12 章 自动布线制作 PCB。本章将结合具体实例讲解自动布线制作 PCB 的方法和步骤,虽然涉及的知识比较多,工作比较复杂,但是相信读者能轻松掌握。

● 第 13 章 制作元件封装。本章主要介绍使用 PCB. LIB 制作元件封装的两种方法,即手工制作元件封装和利用向导制作元件封装。

● 第 14 章 PCB 工程设计实例。本章将结合两个工程实例——I/V 变换信号调理电路 PCB 和小型调频发射机电路 PCB,具体讲解如何制作和生成PCB。首先根据设计的原理图,在 PCB 编辑环境中导入元件封装,然后定制PCB 环境,通过布线制作印制电路板。主要包括:新建 PCB 文件和确定 PCB 尺寸、导入元件封装、定制 PCB 环境、元件布局、PCB 布线、补泪滴和覆铜、设计规则检查等。

● 第 15 章 电路仿真。本章主要讲解 SIM 仿真库中的特殊元件、SIM 仿真库中的激励源、仿真器的设置和电路仿真,最后详细讲解二极管伏安特性电路的仿真,希望读者能通过这个实例掌握电路仿真的基本方法。

读者对象

本书内容系统完整,实用性、专业性强,主要面向从事原理图和 PCB 设计的专业人员和对电路板设计感兴趣的电子爱好者。同时,本书还可以作为各类培训班及大中专院校自动化、电气工程、电子信息、机电一体化、通信工程、光电工程等相关专业的教材。

附赠内容

为了方便读者学习和教师教学，本书附赠以下内容。

一、实例

本书实例所涉及的原始文件、实例结果文件，都按章收录在"实例"文件夹下，读者可以调用。

二、教学大纲和实验大纲

结合课程特点，以本书的内容为蓝本，制订了 Altium Designer Summer 09 原理图与 PCB 设计及仿真的教学大纲和实验大纲供教师参考。

三、配套电子课件

制作了本书配套的电子课件，一方面方便教师课堂教学，另一方面方便学生快速了解 Altium Designer Summer 09 原理图与 PCB 设计及仿真的主要内容。

四、配套实验指导书

根据课程的实验特点，结合作者多年的教学经验，编写了与本书相配套的实验指导书。

本书由汉口学院邓奕担任主编，由广东技术师范学院天河学院陈吹信、青岛理工大学琴岛学院王磊、北京理工大学珠海学院吴方、武汉华夏理工学院黄梅志任副主编，最后由邓奕审核并统稿。其中，邓奕编写了第 6、7、8、15 章，陈吹信编写了第 4、5 章，王磊编写了第 1、2、3 章，吴方编写了 9、10、11 章，黄梅志编写了第 12、13、14 章。

在将近一年的时间里，在编写教材、制作电子课件、编写配套实验指导书的过程中，得到了很多前辈、家人、同事、朋友、学生的支持、鼓励和帮助，特别是王聪、李娟、向紫欣、毛玲、谢文亮、陶枫、汪潇等研究生做了大量工作，在此深表感谢。

本书附赠的电子课件等教学资源包，任课教师可以发邮件至 hustpeiit@163.com 索取。

由于时间仓促，书中难免有疏漏之处，请读者谅解。

编　者
2024 年 5 月

目录
CONTENTS

第1章 概述 ……………………………………………………………………… (1)

1.1 Altium Designer Summer 09 的组成与特点 …………………………… (1)

1.2 Altium Designer Summer 09 的安装 ……………………………………… (2)

1.3 电路板的设计步骤 …………………………………………………………… (5)

1.4 电路原理图设计的工作流程 ……………………………………………… (6)

1.5 印制电路板设计的工作流程 ……………………………………………… (6)

本章小结 …………………………………………………………………………… (7)

第2章 Altium Designer Summer 09 快速入门 ……………………………… (8)

2.1 进入 Altium Designer Summer 09 的绘图环境 ……………………… (8)

2.2 设置系统参数 ……………………………………………………………… (10)

2.3 创建新项目 ………………………………………………………………… (12)

2.4 Altium Designer Summer 09 的项目管理 ……………………………… (18)

本章小结 ………………………………………………………………………… (18)

第3章 原理图的绘制 ………………………………………………………… (19)

3.1 载入元件库 ………………………………………………………………… (19)

3.2 元件的查找和放置 ………………………………………………………… (20)

3.3 编辑元件属性 ……………………………………………………………… (22)

3.4 元件位置的调整 …………………………………………………………… (23)

3.5 元件的基本布局 …………………………………………………………… (26)

3.6 布线工具的使用 …………………………………………………………… (27)

3.7 绘图工具的使用 …………………………………………………………… (32)

3.8 绘制简单的原理图 ………………………………………………………… (37)

本章小结 ………………………………………………………………………… (41)

第4章 原理图的后续处理 …………………………………………………… (42)

4.1 在原理图中添加 PCB 设计规则 …………………………………… (42)

4.2 原理图的查错与编译 ……………………………………………… (44)

4.3 打印和报表输出 …………………………………………………… (49)

4.4 应用实例 …………………………………………………………… (57)

本章小结 ………………………………………………………………… (57)

第5章 元件库的建立 ………………………………………………………… (58)

5.1 元件库编辑器界面 ………………………………………………… (58)

5.2 元件库编辑环境工具栏 …………………………………………… (59)

5.3 库编辑器工作区参数设置 ………………………………………… (61)

5.4 绘制库元件 ………………………………………………………… (62)

5.5 生成元件库报表 …………………………………………………… (64)

本章小结 ………………………………………………………………… (65)

第6章 层次式电路原理图的设计 …………………………………………… (66)

6.1 层次式电路原理图的概念 ………………………………………… (66)

6.2 层次式电路原理图的组件 ………………………………………… (67)

6.3 层次式电路原理图的设计方法 …………………………………… (71)

6.4 各层次式电路原理图间的切换 …………………………………… (73)

6.5 层次式电路原理图的报表生成 …………………………………… (73)

6.6 综合实例 …………………………………………………………… (74)

本章小结 ………………………………………………………………… (75)

第7章 电路原理图工程设计实例 …………………………………………… (76)

7.1 I/V 变换信号调理电路的原理图 ………………………………… (76)

7.2 小型调频发射机电路原理图 ……………………………………… (82)

本章小结 ………………………………………………………………… (89)

第8章 PCB 编辑环境 ………………………………………………………… (90)

8.1 认识 Altium Designer Summer 09 的 PCB 编辑环境 ………… (90)

8.2 印制电路板概述 …………………………………………………… (96)

8.3 设置环境参数 ……………………………………………………… (98)

8.4 电路板的规划 ……………………………………………………… (102)

8.5 PCB 设计的基本原则 ……………………………………………… (102)

8.6 典型实例 …………………………………………………………… (103)

本章小结 ……………………………………………………………………………………… (107)

第 9 章　PCB 设计系统的操作 ……………………………………………………………… (108)

9.1　快捷键介绍 ………………………………………………………………………………… (108)

9.2　快捷菜单的常用命令 ……………………………………………………………………… (108)

9.3　窗口操作 …………………………………………………………………………………… (109)

9.4　放置元件封装及其属性编辑 ……………………………………………………………… (112)

9.5　覆铜的应用 ………………………………………………………………………………… (114)

9.6　补泪滴的应用 ……………………………………………………………………………… (115)

9.7　电路板上文字的制作 ……………………………………………………………………… (116)

9.8　放置原点与跳跃 …………………………………………………………………………… (117)

9.9　电路板距离测量 …………………………………………………………………………… (117)

9.10　库文件操作 ……………………………………………………………………………… (118)

9.11　电路板的报表输出 ……………………………………………………………………… (119)

9.12　打印 ……………………………………………………………………………………… (123)

9.13　典型实例 ………………………………………………………………………………… (125)

本章小结 ……………………………………………………………………………………… (126)

第 10 章　PCB 设计规则与信号分析 ………………………………………………………… (127)

10.1　设计规则概述 …………………………………………………………………………… (127)

10.2　电气规则 ………………………………………………………………………………… (127)

10.3　布线规则 ………………………………………………………………………………… (129)

10.4　SMT 规则 ……………………………………………………………………………… (132)

10.5　阻焊规则 ………………………………………………………………………………… (134)

10.6　平面层规则 ……………………………………………………………………………… (135)

10.7　测试点规则 ……………………………………………………………………………… (136)

10.8　与制造相关的规则 ……………………………………………………………………… (138)

10.9　高速线路规则 …………………………………………………………………………… (140)

10.10　布局规则 ………………………………………………………………………………… (143)

10.11　信号完整性规则 ………………………………………………………………………… (145)

10.12　PCB 设计规则检查 …………………………………………………………………… (150)

本章小结 ……………………………………………………………………………………… (153)

第 11 章　人工布线制作 PCB ………………………………………………………………… (154)

11.1　定义电路板 ……………………………………………………………………………… (154)

11.2　放置设计对象 …………………………………………………………………………… (155)

11.3　典型实例:制作共射极放大电路 PCB ………………………………………………… (166)

本章小结 ……………………………………………………………………………………… (167)

第12章　自动布线制作 PCB ·· (168)

　12.1　布线前的准备 ·· (168)

　12.2　在 PCB 编辑器中导入元件 ·· (168)

　12.3　元件布局 ·· (168)

　12.4　自动布线 ·· (170)

　12.5　电路板设计的一些经验 ·· (179)

　12.6　高频布线 ·· (181)

　12.7　典型实例:制作晶体测试电路 PCB ·· (182)

　本章小结 ·· (184)

第13章　制作元件封装 ·· (185)

　13.1　创建 PCB 元件库 ·· (185)

　13.2　利用向导绘制 PCB 元件封装 ·· (189)

　13.3　创建集成封装库 ·· (191)

　13.4　典型实例:制作 OP07 的集成封装库 ·· (192)

　本章小结 ·· (194)

第14章　PCB 工程设计实例 ·· (195)

　14.1　I/V 变换信号调理电路的 PCB 设计 ·· (195)

　14.2　小型调频发射机电路的 PCB 设计 ·· (200)

　本章小结 ·· (206)

第15章　电路仿真 ·· (207)

　15.1　概述 ·· (207)

　15.2　SIM 仿真库中的特殊元件 ·· (207)

　15.3　SIM 仿真库中的激励源 ·· (209)

　15.4　仿真器的设置 ·· (214)

　15.5　电路仿真 ·· (217)

　本章小结 ·· (218)

参考文献 ·· (219)

4

第 1 章　概　述

Altium Designer 是 Altium 公司继 Protel 系列产品之后推出的高端设计软件。

2001 年，Protel Technologe 公司改名为 Altium 公司，整合了多家 EDA 软件公司，成为业内的龙头。2006 年，Altium 公司推出新品 Altium Designer 6.0，经过 Altium Designer 6.3、Altium Designer 6.6、Altium Designer 6.7、Altium Designer 6.8、Altium Designer 6.9、Altium Designer Summer 08、Altium Designer Summer 09 等版本的升级，体现了 Altium 公司全新的产品开发理念，更加贴近电子设计师的应用需求，更加符合未来电子设计的发展趋势要求。

 ## 1.1　Altium Designer Summer 09 的组成与特点

1.1.1　Altium Designer Summer 09 的组成

Altium Designer Summer 09 在一个软件集成平台的基础上，把为电子产品开发提供完整环境所需的所有工具都整合在一个应用软件中。

Altium Designer Summer 09 包含所有设计任务所需要的工具：原理图和 HDL 设计输入、电路仿真、信号完整性分析、PCB 设计、基于 FPGA 的嵌入式系统设计和开发。此外，可以对 Altium Designer Summer 09 的工作环境加以定制，以满足用户的各种不同的需求。

1.1.2　Altium Designer Summer 09 的特点

Altium Designer Summer 09 版本中，大量历史遗留的工具问题得以解决，其中包括了增加更多的机械层设置和增强的原理图网络类定义。新版本中更注重于改进测试点的分配和管理、精简嵌入式软件开发、软设计中智能化调试与流畅的 License 管理等功能。

Altium Designer Summer 09 主要有以下几个新特性。

（1）PnP 软件平台构建器。

PnP 软件平台构建器是一个可以被装配在软件平台构建器内的软件层。它可以把对硬件的应用控制变成一种标准化的服务包，比如存储访问控制和网络服务控制。运用软件平台功能将使设计者只利用鼠标很少的点击操作就能很容易地完成对应用控制代码的装配，并提供一种强大的全面功能调用。

（2）基于 FPGA"软"仪器内核的交互式面板。

基于 FPGA"软"仪器内核是一种强大的 FPGA 内嵌式调试工具。在延续 Altium Designer Summer 08 中特性的同时，还允许按需求定制仪器的交互式面板。

（3）强大的交互式布线新功能。

交互式布线功能将大量减少设计者的时间消耗，增加用户在电路板设计领域的经验和效率。

（4）设计发布管理功能。

管理一个原型或产品设计的发布流程是产品研发的重要环节，并且也是所有企业数据管理的重要组成部分。在 Altium Designer Summer 09 中首次提供了标准的模式。

（5）过孔（VIA）属性的分层定义功能。

在制造工艺得到改进和要求布线密度更高的形势下，允许为每一信号层单独设置过孔尺寸的功能越发显得重要，Altium Designer Summer 09 中允许对圆形过孔定义过孔叠层属性。

（6）实时制造规则检测。

在 PCB 版图设计阶段，新增的规则将全面改善系统电路板制造特性。该特性现在可以对设计进程期间和输出加工文件之前实现实时规则检测，从而帮助用户避免设计缺陷。

（7）增强 PCB 图形处理系统性能。

Altium Designer Summer 09 在 PCB 编辑环境下利用 DirectX 图形引擎显著提升数据处理效果，并因此极大地改进了由于内存容量过低的处理性能，更好地使用一些新的特性。

（8）改良的 PCB 3D 投影效果。

该特性利用更精确的器件形体，提供更逼真的板和增强的设计数据编辑能力的视图。

（9）新增 CADSTAR 格式导入功能。

CADSTAR 格式导入功能将帮助用户从 CADSTAR 设计和库文件到 Altium Designer 文件的格式转换。

（10）可配置的通用器件库。

（11）增强的器件浏览功能。

（12）增强的 PCB 建模功能。

（13）改进的 PCB 设计洞察功能。

（14）改进的 PCB 设计规则。

（15）改进的版本控制功能。

（16）库查询功能改良。

（17）开放式网络知识库。

（18）改进的 OpenBus 系统文件功能。

（19）PCB 编辑内的元器件放置和重新摆放功能。

 ## *1.2* Altium Designer Summer 09 的安装

Altium Designer Summer 09 的安装方法与一般的应用软件的安装步骤基本一致。对于初学者来说，可以先将其汉化，以便在学习的过程中更快地掌握它的各个功能，熟悉该软件之后可以将它再转换成英文版。

1.2.1 系统配置要求

达到最佳性能的推荐系统配置如下。

- Windows XP SP2 专业版或以后的版本。
- 英特尔酷睿 2 双核/四核 2.66GHz 或更快的处理器或同等速度的处理器。
- 2GB 内存。
- 10GB 硬盘空间（系统安装＋用户文件）。

- 双显示器,至少 1 680×1 050(宽屏)或 1 600×1 200(4:3)分辨率。
- NVIDIA 公司的 GeForce R 80003 系列,使用 256MB 或更高的显卡或同等级的显卡。
- 并行端口(如果连接 NanoBoard-NB1)。
- USB2.0 的端口(如果连接 NanoBoard-NB2)。
- Adobe Reader 8 或以上软件。
- DVD 驱动器。
- Internet 连接,以接收更新和在线技术支持。要使用包括三维可视化技术在内的加速图像引擎,显卡必须支持 DrectX 9.0C 和 Shader Model 3,因此建议系统配置独立显卡。

最低系统配置如下。

- Windows XP SP2 的 Professional 版本。
- 英特尔奔腾 1.8GHz 处理器或同等速度的处理器。
- 1GB 内存。
- 3.5GB 硬盘空间(系统安装+用户文件)。
- 主显示器的屏幕分辨率至少是 1 280×1 024;次显示器的屏幕分辨率不得低于 1 024×768。
- NVIDIA 公司的 GeForce 6000/7000 系列,128MB 显卡或相同等级的显卡。
- 并行端口(如果连接 NanoBoard-NB1)。
- USB2.0 的端口(如果连接 NanoBoard-NB2)。
- Adobe Reader 7 或以上软件。
- DVD 驱动器。

1.2.2　Altium Designer Summer 09 的安装

(1) 打开 Altium Designer Summer 09 的安装包,双击 autorun.exe,出现如图 1-1 所示的安装界面。

(2) 单击"Install Altium Designer",出现如图 1-2 所示的安装向导欢迎窗口。

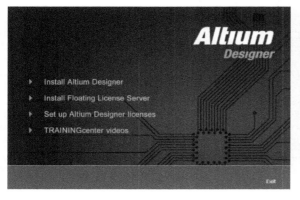

图 1-1　安装界面

图 1-2　安装向导欢迎窗口

(3) 单击安装向导欢迎窗口的"Next"按钮,显示如图 1-3 所示的 License Agreement 窗口。

(4) 勾选 License Agreement 窗口中的"I accept the license agreement"选项,然后单击"Next"按钮,显示如图 1-4 所示的 User Information 窗口。

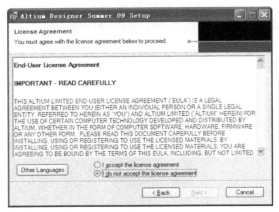

图1-3　License Agreement 窗口

图1-4　User Information 窗口

（5）在 User Information 窗口中的"Full Name"编辑框内输入用户名称,在"Organization"编辑框内输入单位名称,在使用权限选项中选择使用权限的范围。其中,"Anyone who uses this computer"单选项表示这台计算机上的所有用户都能使用 Altium Designer Summer 09,"Only for me"单选项则表示只有在当前安装 Altium Designer Summer 09 的用户账号下才能使用该软件。一般建议选择"Anyone who uses this computer"。单击"Next"按钮,显示如图1-5所示的 Destination Folder 窗口。

（6）在 Destination Folder 窗口"Destination Folder"区域显示了即将安装 Altium Designer Summer 09 的安装路径,如果想更改安装路径,则单击"Browse"按钮,打开如图1-6所示的安装路径选择对话框。

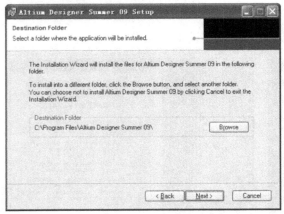

图1-5　Destination Folder 窗口

图1-6　安装路径选择对话框

（7）选择软件的安装路径后,单击"OK"按钮,显示如图1-7所示的 Board-Level Libraries 窗口。

（8）勾选"Install Board-Level Libraries"选项,单击"Next"按钮,出现如图1-8所示的 Ready to Install the Application 窗口。

（9）确定以上安装信息设定无误后,单击 Ready to Install the Application 窗口中的"Next"按钮开始安装,安装过程中,文件复制窗口内将显示操作过程和文件复制进度以及安装剩余时间等信息,如图1-9所示。

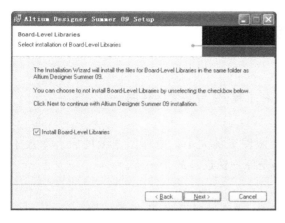

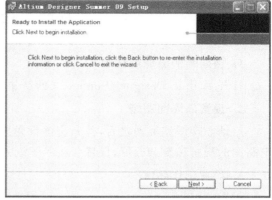

图 1-7　Board-Level Libraries 窗口

图 1-8　Ready to Install the Application 窗口

（10）文件复制完成后，系统弹出如图 1-10 所示的安装完毕窗口，单击"Finish"按钮。

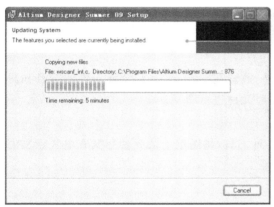

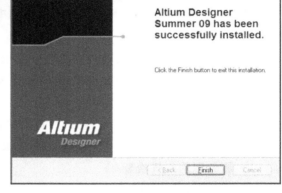

图 1-9　文件复制窗口

图 1-10　安装完毕窗口

 ## 1.3　电路板的设计步骤

1. 原理图的设计

电路原理图的设计是指利用 Altium Designer Summer 09 的原理图编辑器来绘制电路原理图。充分利用原理图中提供的各种绘图工具是绘制一张精美的电路原理图的基础。

2. 印制板的设计

印制板的设计是完成一块电路板的一个重要步骤。在印制板的设计过程中，通过 Altium Designer Summer 09 的强大功能可以实现电路板的版面设计、元件的布局、元件之间的电气连接以及规则制定和检查等高难度工作。

3. 加工

印制板设计完成并确定无误之后，可以直接拿到专业生产电路板的公司进行加工，生产电路板。

1.4 电路原理图设计的工作流程

1. 创建新的原理图文件

打开 Altium Designer Summer 09，新建 PCB 工程，然后新建原理图。

2. 设置原理图图纸

启动原理图编辑器之后，首先应该设置原理图图纸的大小。原理图图纸的大小取决于电路图的规模和复杂程度，设置合适的图纸大小是原理图设计的第一步。

3. 设置工作环境

设置 Altium Designer Summer 09 原理图参数，包括通用设置、图像编辑参数设置、鼠标滑轮配置、编辑器参数设置、自动聚焦参数设置、格点参数设置等。应据实际需要进行设置，大部分的参数可以直接使用系统的默认值。

4. 装载元件库

在放置元件之前，需要先装载需要的元件库。Altium Designer Summer 09 提供了丰富的元件库，用户只要知道需要的元件在哪个库中，查找起来非常方便。

5. 放置元件并布局

用户根据电路图从元件库中取出需要的元件，放置在图纸上，然后设置元件的序号和封装，为了使连线更加方便、电路图更加美观，需要对元件进行布局。

6. 原理图布线

使用 Altium Designer Summer 09 提供的各种工具，将图纸上的元件用具有电气意义的导线、符号连接起来，形成一个完整的电路原理图。

7. 原理图的电气检查

原理图的电气检查可以通过编译项目进行检查，并提供给设计者一个排除错误的环境。在项目被编译后，任何错误都将显示在 Messages 面板上，如果电路图有严重的错误，则 Messages 面板将自动弹出。

8. 文件存储及打印

最后的一个步骤是文件的存储和打印输出。

1.5 印制电路板设计的工作流程

1. 创建新的 PCB 文件

最简单的方法是使用 PCB 向导创建一个新的 PCB 设计。在向导的任何阶段，设计者都可以单击"Back"按钮来检查或者修改以前页的内容。

2. 设置工作环境

工作环境的设置主要包括板形的设置、PCB 图纸的设置、电路板层的设置、颜色的设置以及 PCB 系统参数的设置等。

3. 检查元件封装

用封装管理器检查所有元件的封装。在将原理图信息导入到新的 PCB 之前，必须确保所有元件的封装检查完全正确。

4. 导入设计

如果项目已经编辑并且在原理图中没有任何错误，则可以使用 Update PCB 命令来产生 ECO（工程变更命令），它将把原理图信息导入到目标 PCB 文件。

5. 设置 PCB 设计规则

Altium Designer 的 PCB 编辑器是一个规则驱动环境。在设计者改变设计的过程中，Altium Designer 都会监测每个动作，并检查设计是否仍然完全符合设计规则，如果不符合，则会立即警告，强调出现错误。在设计之前先设置设计规则以让设计者集中精力设计，因为一旦出现错误，软件就会提示。

6. 放置元件并布局

导入设计之后，所有的元件都放在 PCB 板外框的外面，以准备放置，现在设计者可以放置元件了，还可以对所有的元件进行布局。

7. 修改封装

如果有元件的封装不符合实际需求，则可加以修改。

8. 印制电路板布线

印制电路板的布线有手动布线和自动布线两种方式。自动布线器提供了一种简单而有效的布线方式。当设计者需要精确地控制排布的线，或者设计者希望享受一下手动布线的乐趣时，可以手动为部分或整块印制电路板布线。

9. 设计规则检查

在设计过程的开始设计者就设置好设计规则，然后在设计进程的最后用这些规则来验证设计。

10. 文件存储及打印

最后的一步是文件的存储以及打印输出。

$$本 章 小 结$$

本章介绍了 Altium Designer Summer 09 的组成与特点、详细安装步骤以及电路板的设计步骤，其中电路板的设计又分为电路原理图的设计和印制电路板的设计，本章分别讲述了这两部分的详细工作流程。

第 2 章 Altium Designer Summer 09 快速入门

2.1 进入 Altium Designer Summer 09 的绘图环境

新建一个原理图文件或者打开已有的一个原理图设计文件时,就会启动 Altium Designer Summer 09 的原理图编辑器。

下面简要介绍 Altium Designer Summer 09 的启动以及软件界面设置的方法。

2.1.1 Altium Designer Summer 09 的启动

Altium Designer Summer 09 的启动,除了直接在安装目录下双击选择程序外,还有以下几种方法。

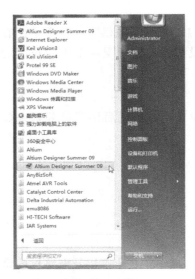

图 2-1 从"开始"菜单启动软件

1. 从"开始"菜单启动

单击任务栏中的"开始"按钮,在弹出的菜单中选择"所有程序"→"Altium Designer Summer 09"→"Altium Designer Summer 09",即可启动程序,如图 2-1 所示。

2. 桌面快捷方式启动

在安装 Altium Designer Summer 09 的时候,在桌面上创建 Altium Designer Summer 09 的快捷方式,然后可以直接双击 Altium Designer Summer 09 的快捷方式来启动。

2.1.2 软件界面设置(介绍软件界面)

Altium Designer Summer 09 的软件界面主要包括菜单栏、工具栏以及工作窗口和工作面板。

1. 菜单栏

在 Altium Designer Summer 09 中,当用户对不同类型的文件进行操作时,菜单栏就会相应地发生改变。当处于原理图编辑环境时,菜单栏如图 2-2 所示。在电路原理图的设计过程中,可以通过菜单栏的相应命令来完成各种编辑操作。

DXP File Edit View Project Place Design Tools Reports Window Help

图 2-2 原理图编辑环境中的菜单栏

- "File"(文件)菜单:用于执行文件的新建、打开、关闭、保存以及打印等操作。
- "Edit"(编辑)菜单:用于执行对象的选取、复制、粘贴、删除以及查找等操作。
- "View"(视图)菜单:用于执行工作窗口的放大和缩小以及各种工具、面板、状态栏和节点的显示与隐藏等操作。
- "Project"(项目)菜单:用于执行项目文件的建立、打开、保存和关闭、工程项目的编译及比较等操作。

- "Place"(放置)菜单:用于放置原理图的各种组成部分。
- "Design"(设计)菜单:用于执行对元件库额定操作以及生成网络报表等操作。
- "Tools"(工具)菜单:用于给电路原理图的设计提供各种操作工具。
- "Reports"(报表)菜单:用于执行原理图各种报表生成的操作。
- "Window"(窗口)菜单:用于执行对窗口的各种操作。
- "Help"(帮助)菜单:用于执行帮助菜单。

2. 工具栏

执行"View"→"Toolbars"→"Customize"命令,系统弹出"Customizing Sch Editor"对话框,如图 2-3 所示。用户可以通过该对话框来设置工具栏中的功能按钮,创建自己的个性工具栏。

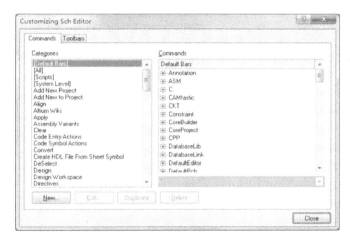

图 2-3　"Customizing Sch Editor"对话框

在 Altium Designer Summer 09 中,原理图设计界面提供了丰富的工具栏,下面介绍绘制电路原理图常用的工具栏。

1)标准工具栏

标准工具栏提供了常用的快捷操作方式,比如打印、缩放、复制、粘贴等,如图 2-4 所示。

图 2-4　标准工具栏

2)连线工具栏

连线工具栏用于连线,放置原理图中所需的元件、网络标号、电源、地、端口、未用引脚标志等,如图 2-5 所示。

3)绘图工具栏

绘图工具栏用于在原理图中绘制需要的标注信息,不具备电气连接特性,如图 2-6 所示。

图 2-5　连线工具栏 　　　　　　　　　　**图 2-6　绘图工具栏**

还有其他的一些工具栏,在"View"→"Toolbars"子菜单中有原理图设计的所有工具栏,当工具栏名称左边有"√"时,就表示该工具栏已经打开,否则表示该工具栏是关闭的,如图2-7所示。

3.工作窗口和工作面板

工作窗口是进行电路原理图设计的工作平台。在该工作平台中,用户可以新绘制一个原理图,也可以编辑和修改已有的原理图。常用的工作面板有"Projects"面板、"Libraries"面板以及"Navigator"面板。

1)"Projects"面板

该面板中展示了当前打开项目的文件列表以及所有的临时文件,提供了所有关于项目的操作能力,比如新建、打开和关闭各种文件,以及向项目里导入文件、比较项目中的文件等等,如图2-8所示。

2)"Libraries"面板

在该面板中可以查看当前加载的所有元件库、添加库,可以在原理图上放置元件、预览元件的封装、3D 模型等,还可以查看元件的单价、供应商以及生产厂商等信息,如图 2-9所示。

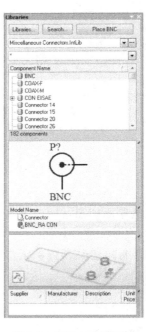

图 2-7 "Toolbars"子菜单   图 2-8 "Projects"面板   图 2-9 "Libraries"面板

3)"Navigator"面板

该面板可以在分析和编辑原理图后提供关于原理图的所有信息,一般用于原理图的检查。

2.2 设置系统参数

在 Altium Designer Summer 09 中,系统的参数设置是通过设置"Preferences"对话框来完成的。

执行"DXP"→"Preferences"命令或者执行"Tools"→"Schematic Preferences"命令,还

可以在编辑窗口内右击,在弹出的快捷菜单中执行"Option"→"Schematic Preferences"命令,就可打开参数设定对话框。系统参数设置有 13 个标签页:"General""View""Release Management""Altium Web Update""Account Management""Transparency""Navigation""Design Insight""Backup""Projects Panel""File Types""New Document Defaults""File Locking"。下面介绍中英文编译环境切换的设置和常用参数的设置。

2.2.1　中英文编译环境切换

在打开参数设定对话框后,执行"System"→"General"命令,就会弹出"System-General"对话框,如图 2-10 所示。

在"Localization"选项组中,如果勾选"Use localized resources"复选项,就会弹出警告窗口,如图 2-11 所示。

图 2-10　"System-General"对话框

图 2-11　警告窗口

单击"OK"按钮,然后关闭软件重新启动,软件环境就变成了中文编译环境。反之,如果不勾选"Use localized resources"复选项,那么重新启动软件得到的就是英文编译环境。

2.2.2　其他的参数意义

除了中英文编译环境切换设置外,还有许多其他的参数设置,下面主要介绍"General"和"View"两个标签页中比较常用的几个选项组。

1. "General"标签页

1)"Startup"选项组

"Startup"选项组用于设置启动状态。其中,"Reopen Last Workspace"表示重新启动时打开上一次关机时的屏幕。"Open Home Page if no documents open"表示如果没有文档打开就打开主页。"Show startup screen"表示显示开始屏幕。

2)"Default Locations"选项组

"Default Locations"选项组用于设置系统默认的文件路径。其中,"Document Path"表示用于设置系统打开或者保存文档、项目及项目组时的默认路径。用户可直接在编辑框中输入需要设置的目录的路径,还可以单击右侧的按钮,打开"浏览文件夹"对话框,在该对话框中选定一个已有的文件夹,然后单击"确定"按钮完成默认路径的设置。"Library Path"表示用于设置系统元件库目录的路径。"System Font"表示用于设置系统的字体、字形以及字体大小。

3)"General"选项组

"Monitor clipboard content within this application only"表示在本应用程序中查看剪贴板的内容。

4)"Localization"选项组

"Localization"选项组用于切换中英文编译环境,参看 2.2.1 节。

2. "View"标签页

1)"Desktop"选项组

"Autosave desktop"表示自动保存桌面。"Restore open documents"表示恢复打开文档,在"Exclusions"下面的编辑框中可以输入需要排除的文档,或者单击右侧的按钮来选择。

2)"Popup Panels"选项组

拉动滑动条来调整面板弹出延时、隐藏延时。

2.3 创建新项目

创建新项目有两种方法:通过菜单创建和通过"Files"面板创建。

(1)通过菜单创建。

执行"File"→"New"→"Project"→"PCB Project"命令,如图 2-12 所示。

(2)通过"Files"面板创建。

打开"Files"面板,"New"选项组中有各种空白项目,单击选择一个项目就可以创建新项目,如图 2-13 所示。

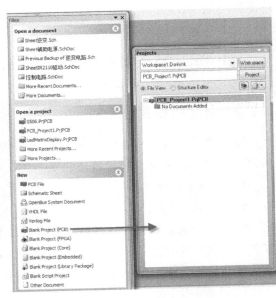

图 2-12 通过菜单创建新项目

图 2-13 通过"Files"面板创建新项目

用户创建好自己的一个新项目后,执行项目"File"→"Save Project As"命令,就会弹出"Save [PCB_Project1.PrjPCB]As"对话框。输入项目名并选择要保存的路径,单击保存按钮后,新项目保存成功。

2.3.1　项目及工作空间介绍

Altium Designer Summer 09 支持项目级别的文件管理,在一个项目文件中包含设计中生成的所有文件,比如电路原理图文件、PCB 图文件、设计中生成的各种报表文件以及元件的集成库文件等等,这样设计便于管理。项目文件和 Windows 系统中的"文件夹"类似,在项目文件中可以对文件执行各种操作,比如新建、打开、关闭、复制以及粘贴等等。任意打开的一个".PrjPCB"项目文件如图 2-14 所示。

从图 2-14 中可见,该项目文件包含与设计相关的所有文件,文件右侧文件图标为灰色表示该文件是已经保存好的文件或者打开了但是没有对其进行任何操作的文件,而文件右侧文件图标为红色则表示该文件是编辑过但是没有保存的文件。

图 2-14　项目文件

Workspace(工作空间)比项目高一层次,可以通过 Workspace 连接相关项目,用户通过 Workspace 可以轻松访问目前正在开发的某种产品相关的所有项目。

2.3.2　为新项目添加原理图文件

创建一个新的原理图有两种方法:通过菜单创建和通过"Files"面板创建。

(1) 通过菜单创建。

执行"File"→"New"→"Project"→"PCB Project"命令,如图 2-15 所示。

(2) 通过"Files"面板创建。

打开"Files"面板,"New"选项组中有各种空白项目,单击选择一个项目就可以创建新原理图,如图 2-16 所示。

图 2-15　通过菜单创建原理图文件　　　**图 2-16　通过"Files"面板创建新原理图文件**

执行"File"→"Save As"命令,重命名并保存新原理图文件。

如果设计者希望添加到一个项目文件中的原理图文件作为自由文件夹被打开,如图

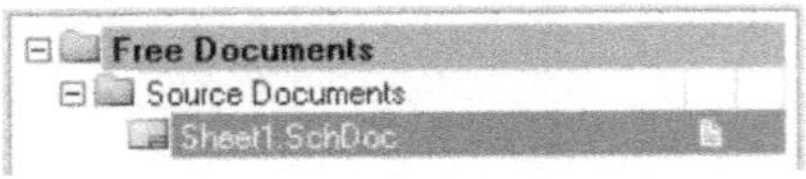

图 2-17　自由文件夹下的原理图文件

2-17所示,那么在"Projects"面板的"Free Documents"单元"Source Documents"文件夹下用鼠标拖曳要移动的文件"Sheet1. SchDoc"到目标项目文件夹下的"Source Documents"上即可。

2.3.3　原理图参数设置

在 Altium Designer Summer 09 中,原理图编辑器的工作环境参数的设置是通过"Preferences"对话框来完成的。

执行"Tools"→"Schematic Preferences"命令或者在原理图编辑窗口内右击,在弹出的菜单中执行"Option"→"Schematic Preferences"命令,即可打开原理图优先设定对话框。

该对话框中主要有九个标签页:"General""Graphical Editing""Compiler""AutoFocus""Grids""Break Wire""Default Units""Default Primitives""Orcad(tm)"。下面将以"General"和"Graphical Editing"两个标签页的设置为例来介绍原理图参数的设置。

1. "General"标签页

"General"标签页用于设置电路原理图的常规环境参数,如图 2-18 所示。

1)"Options"选项组

● "Drag Orthogonal"复选项:勾选该复选项后,在原理图上拖动元件时,和元件相连的一根导线只能保持直角。如果不勾选该复选项,那么和元件相连的一根导线可以呈任意角度。

● "Optimize Wire & Buses"复选项:勾选该复选项后,在连接导线和总线时,系统会自动选择最佳路径,并且还可以避免各种电气连接与非电气连接的相互重叠。这时,下面的"Components Cut Wires"复选项呈可选状态。如果不勾选"Optimize Wire & Buses"复选项,那么用户可以自己选择连线的路径。

● "Components Cut Wires"复选项:勾选该复选项后,会启动用元器件切割导线的功能,即当放置元器件时,如果元器件的两个引脚同时在一根导线上,那么该导线就会被切割成两段,两个端点自动与元器件的两个引脚相连。

● "Enable In-Place Editing"复选项:勾选该复选项后,选中原理图中的文本对象,比如元器件的序号及标注等,双击它可以直接对其进行修改、编辑,而不用打开对应的对话框。

● "CTRL+Double Click Opens Sheet"复选项:勾选该复选项后,按住 Ctrl 键,同时双击原理图文档图标,可以打开该原理图。

● "Convert Cross-Junctions"复选项:勾选该复选项后,当用户画的一条导线与已有的一条导线重复时,会自动产生节点,同时结束画线。如果不勾选该复选项,那么用户可以已有的导线,继续画线。

● "Display Cross-Overs"复选项:勾选该复选项后,非电气连接的交叉处会产生半圆弧来显示横跨状态。

● "Pin Directon"复选项:勾选该复选项后,单击一元件的引脚,会出现该引脚的编号以及输入/输出特性等等。

● "Sheet Entry Direction"复选项:勾选该复选项后,根据子图中设置的端口属性,会在顶层原理图的图纸符号中显示是输入端口、输出端口或者其他性质的端口。此外,图纸符号中相连接的端口部分不随此项设置而改变。

● "Port Direction"复选项:勾选该复选项后,端口的样式会根据用户设定的端口属性显示为输入端口,或者为输出端口,或者其他性质的端口。

- "Unconnected Left To Right"复选项:勾选该复选项后,由子图生成顶层原理图的时候,左右可不进行物理连接。

2)"Include with Clipboard"选项组

- "No-ERC Markers"复选项:勾选该复选项后,在复制、剪切到剪贴板或者打印时,都包含图纸的忽略 ERC 检查符号。

- "Parameter Sets"复选项:勾选该复选项后,在复制、剪切到剪贴板或者打印时,都包含元件的参数信息。

3)"Auto-Increment During Placement"选项组

- "Primary"文本框:用于设置当在原理图上连续放置同一种元件时元件标识序号的自动增量数,系统默认为1。

- "Secondary"文本框:用于设置创建原理图符号时引脚号的自动增量数,系统默认为1。

4)"Defaults"选项组

"Defaults"选项组用于设置默认的模板文件。单击右侧的"Browse"按钮,可以选择模板文件,在"Template"文本框中会出现模板文件的名称。若不需要模板文件,那么"Template"文本框会显示"No Default Template File"。

5)"Alpha Numeric Suffix"选项组

某些元件包含多个相同的子部件,每个子部件都有独立的物理功能。放置这些复合元件时,它们内部的多个子部件一般采用"元件标识:后缀"的形式来区分。"Alpha Numeric Suffix"选项组用于设置这些相同子部件的标识后缀。

- "Alpha"选项:选中该单选项后,子部件的后缀用字母表示,如 U:A。

- "Numeric"选项:选中该单选项后,子部件的后缀用数字表示,如 U:1。

6)"Pin Margin"选项组

- "Name"文本框:用于设置元件符号边缘与元件的引脚名称之间的距离,系统默认为 5mil。

- "Number"文本框:用于设置元件符号边缘与元件的引脚编号之间的距离,系统默认为 8mil。

7)"Default Power Object Names"选项组

- "Power Ground"文本框:用于设置电源地的网络标签名称,系统默认为"GND"。

- "Signal Ground"文本框:用于设置信号地的网络标签名称,系统默认为"SGND"。

8)"Document scope for filtering and selection"下拉列表

"Document scope for filtering and selection"下拉列表用于设置过滤器与执行选择命令时默认的文件范围。

- "Current Document"选项:表示只在当前文档中使用。

- "Open Document"选项:表示在所有打开的文档中使用。

9)"Default Blank Sheet Size"选项

"Default Blank Sheet Size"选项用于设置默认的空白电路原理图的尺寸大小。可以单击下拉按钮进行选择,并且在右侧显示了对应尺寸的具体绘图区域。

2. "Graphical Editing"标签页

通过"Graphical Editing"标签页来设置图形编辑的环境参数,如图 2-19 所示。

图 2-18 "General"标签页　　　　图 2-19 "Graphical Editing"标签页

1）"Options"选项组

● "Clipboard Reference"复选项：勾选该复选项后，当复制或者剪切选中的对象时，系统会提示用户确定一个参考点，建议用户选中。

● "Add Template to Clipboard"复选项：勾选该复选项后，当执行复制或者剪切命令时，系统会自动将当前文档的模板一起添加到剪切板中，用户所复制的原理图包含整张图纸。一般不建议勾选"Add Template to Clipboard"复选项。

● "Covert Special Strings"复选项：勾选该复选项后，用户可以在原理图上输入特殊字符串，然后系统会将其转换为实际字符串并显示。

● "Center of Object"复选项：勾选该复选项后，当移动元件时，光标会自动跳到元件的参考点处（当元件有参考点时）或者对象的中心处（当对象没有参考点时）。如果不勾选该复选项，那么移动元件时光标会自动跳到元件的电气节点上。

● "Object's Electrical Hot Spot"复选项：勾选该复选项后，当用户拖动某一对象时，光标会自动跳到距离对象最近的电气节点上。一般建议勾选"Object's Electrical Hot Spot"复选项。如果想实现勾选"Center of Object"复选项后的功能，那么就要取消勾选"Object's Electrical Hot Spot"复选项，否则移动元件时，光标会自动跳到元件的电气节点上。

● "Auto Zoom"复选项：勾选该复选项后，在放入元件时，电路原理图会自动缩放，以调节出最佳的视图比例。一般建议勾选该复选项。

● "Single'\'Negation"复选项：在电路设计中，一般我们习惯在引脚的说明文字的顶部加上一条横线表明该引脚低电平有效，在网络标签上也采用这种标识方法。勾选该复选项后，只需在网络标签名称的第一个字符前加上"\"，该网络标签就会被加上横线。

● "Double Click Runs Inspector"复选项：勾选该复选项后，双击原理图上的某个对象时，就会打开"查询器"面板，该面板上显示了该对象的所有参数信息，可供用户查询或修改。

● "Confirm Selection Memory Clear"复选项：勾选该复选项后，当清除选择存储器时，会出现确认对话框。一般建议勾选该复选项。

● "Mark Manual Parameters"复选项：用于是否显示参数自动定位被取消的标记点。勾选该复选项后，若对象的某个参数已经取消了自动定位属性，则在该参数的旁边有一个点状标记，提示用户该参数不能自动定位，如需定位则手动定位，即应该和该对象一起移动或者旋转。

● "Click Clears Selection"复选项:勾选该复选项后,单击原理图编辑窗口内的任意位置可以清楚选择。建议勾选该复选项。

● "Shift Click To Select"复选项:勾选该复选项后,只有在按住 Shift 键的同时,单击鼠标才能选中图元。勾选该复选项之后,右侧会出现"Primitives"按钮,单击"Primitives"按钮后,会弹出如图 2-20 所示的对话框,用户可以通过该对话框设置只有在按住 Shift 键的同时单击鼠标才能选中的图元有哪些。建议不勾选该复选项。

● "Always Drag"复选项:勾选该复选项后,拖动某一选中的图元时,与其相连的导线也会一起被拖动;未勾选该复选项时,若拖动图元,则与其相连的导线不会被拖动。

● "Place Sheet Entries automatically"复选项:勾选该复选项后,系统将自动放置图表入口。

2)"Auto Pan Options"选项组

该选项组用于设置系统的自动移动功能,即当光标在原理图上移动时,系统将自动移动原理图,使得光标所指的位置进入可视范围内。

● "Style"下拉列表:用于设置系统的自动摇景模式,有"Auto Pan Off""Auto Pan Fixed Jump"以及"Auto Pan Recenter"三种方式可供用户选择,其中系统默认选择的是"Auto Pan Fixed Jump"。

● "Speed"滑块:通过移动该滑块,可以设置原理图移动的速度。滑块越靠右,原理图移动的速度越快。

● "Step Size"文本框:该文本框可以设置原理图移动的步长。系统默认为 30,即原理图每次移动 30 个像素点。该值设置得越大,原理图每次移动的步长越大。

● "Shift Step Size"文本框:该文本框可以设置在按住 Shift 键时,原理图自动移动的步长。一般该值应该大于"Step Size"文本框中的值,使得在按住 Shift 键的时候,原理图可以移动得更快,系统默认为 100。

3)"Undo/Redo"选项组

● "Stack Size"文本框:用于设置可以撤销或者重复操作的最深堆栈数。理论上次数越多越好,但是次数太多会占用很大的内存,从而降低编辑操作的速度。系统默认为 50。

4)"Color Options"选项组

"Color Options"选项组用于设置被选中对象的颜色。单击"Selections"选项中的颜色显示框,在弹出的"Choose Color"对话框中可以选择用户喜欢的边框颜色,如图 2-21 所示。

图 2-20 "Must Hold Shift To Select"对话框

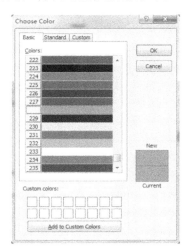

图 2-21 "Choose Color"对话框

5）"Cursor"选项组

该选项组用于设置光标的类型。"Cursor Type"下拉列表有"Large Cursor 90""Small Cursor 90""Small Cursor 45"以及"Tiny Cursor 45"四种类型可供用户选择。系统默认为"Small Cursor 90"。

 ## 2.4 Altium Designer Summer 09 的项目管理

Altium Designer Summer 09 采用以项目为基础的管理方式,而不是以 DDB 的形式来管理。在一个项目中,包含设计中生成的一切文件。一个项目文件类似 Windows 系统中的"文件夹",在项目文件中可以执行对文件的各种操作,如新建、打开、关闭、复制与删除等。这样增强了项目中的设计文档的复用性,降低了文件损坏的风险,同时也使得项目管理者更加方便地监控整个设计过程。但需注意的是,项目文件只是起到管理的作用,在保存文件时,项目中的各个文件是以单个文件的形式保存的。

本 章 小 结

本章主要介绍了 Altium Designer Summer 09 的绘图环境,包括它的启动和软件界面设置;然后简单介绍了系统参数的设置,包括中英文编译环境的切换设置以及其他几个常用参数的设置;还叙述了如何创建新项目,包括项目及工作空间的介绍、如何为新项目添加原理图文件以及详细介绍了原理图参数的设置;最后简单介绍了 Altium Designer Summer 09 的项目管理。

第 3 章　原理图的绘制

3.1　载入元件库

在绘制电路原理图之前,需要先把需要的元件放到图纸上。在 Altium Designer Summer 09 中,一般常用的电子元件都可以在它的元件库中找到。用户需要从元件库里面找到需要的元件,然后将它们放置到原理图中合适的位置上。

Altium Designer Summer 09 的元件库中的元件有很多,且都有明确的分类,便于用户查找。Altium Designer Summer 09 采用两级分类方法:一级分类是用元器件制造厂家的名称进行分类;二级分类是在厂家分类的下面继续以元器件的种类进行分类,比如逻辑电路、模拟电路、A/D 转换芯片等等。

对于一个特定的项目,用户可以只调用几个需要的元器件制造厂家下的二级库,这样可以减轻系统运行负担,从而提高效率。用户如果想要放置一个元件,必须要知道该元件的制造厂家以及它的种类,才能在调用该元件之前载入该元件所在的元件库。下面具体介绍如何载入元件库。

首先,打开"Libraries"面板。打开"Libraries"面板的具体操作如下。

● 将鼠标放置在工作区右侧的"Libraries"标签上,系统会自动弹出"Libraries"面板,如图 3-1 所示。

● 如果工作区右侧没有"Libraries"标签,单击右下角的面板控制栏,然后单击"Libraries"按钮,然后在工作区的右侧就会出现"Libraries"标签,自动弹出"Libraries"选项区域。

其次,加载元件库。在 Altium Designer Summer 09 中,系统已经默认载入了两个元件库,即通用元件库(Miscellaneous Devices. IntLib)和通用接插件库(Miscellaneous Connectors. IntLib)。如果用户需要载入其他的元件库,具体步骤如下。

(1) 在如图 3-1 所示的面板上单击左上角的"Libraries"按钮,就会弹出"Available Libraries"对话框,如图 3-2 所示,或者执行"Design"→"Add/Remove Libraries"命令,也会弹出"Available Libraries"对话框。

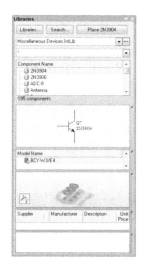

图 3-1　"Libraries"面板

图 3-2 中,"Project"显示的是用户自己为当前项目创建的库文件,"Installed"显示的是系统中可用的库文件。"Move Up"按钮和"Move Down"按钮用于改变元件库的排列顺序。

(2) 单击"Install…"按钮,弹出如图 3-3 所示的选择库文件对话框。

(3) 在选择库文件对话框中选择库所在的文件夹,然后找到需要的库文件,单击"打开(O)"按钮,在"Available Libraries"对话框中就会出现载入的库。

图 3-2 "Available Libraries"对话框

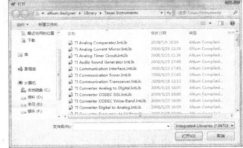

图 3-3 选择库文件对话框

 ## 3.2 元件的查找和放置

1. 查找元件

查找元件分两种情况：一种是用户不知道需要的元件在哪个库中，另一种是用户知道元件在哪个库中。下面分别介绍这两种情况下的详细操作步骤。

（1）当用户不知道需要的元件在哪个库中的时候，查找该元件的具体步骤如下。

在"Libraries"面板中单击"Search"按钮或者执行"Tools"→"Find Component"命令，还可以按快捷键 T+O，系统会弹出如图 3-4 所示的"Libraries Search"对话框。用户可以通过该对话框找到需要的元件。

在该对话框中，需要设置如下参数。

● "Filters"选项组："Field"是指查找元件的域，"Operator"是指运算符，"Value"是指查找元件的值，一般用户可以直接在"Value"中输入元件名。

● "Scope"选项组："Search in"下拉列表用于选择查找的类型。一共有"Components""Footprints""3D Models"以及"Database Components"四种类型，它们分别查找的类型是元件、封装、3D 模型以及数据库元件。"Available libraries"是指已经加载的元件库，"Libraries on path"是指搜索路径下的库，选中"Libraries on path"之后，右边"Path"选项组就会变成可输入状态。如果选择"Refine last search"，则系统将在上次查找的结果中进行查找。

● "Path"选项组：该选项组用于设置查找路径。只有在选中"Libraries on path"之后，"Path"选项组才会变成可输入状态。用户通过单击右侧的文件夹按钮选择查找的路径。如果勾选"Include Subdirectories"，则系统也会在选择目录下的子目录中进行查找。"File Mask"文本框用于设置查找元件的文件匹配符。

参数设置完成之后，单击"Search"按钮，系统就会自动开始查找。满足条件的查找结果会在"Libraries"面板中显示，元件有不同的封装，用户可选择自己需要的封装。如果元件所在的库还没有被加载，单击"Place"按钮后，此时系统会弹出是否加载库文件的提示，如图3-5所示。

单击"Yes"按钮，元件所在的库就会被加载；如果单击"No"按钮，只使用该元件而不加载元件所在的库。

（2）当用户知道需要的元件在哪个库中的时候，以 CAP 为例，查找该元件的具体步骤如下。

在"Libraries"面板的活动库栏内选择要查找元件所在的库，如图 3-6 所示。

图 3-4 "Libraries Search"对话框

图 3-6 活动库栏

图 3-5 是否加载库文件的提示

然后单击库下面的任一元件,直接输入要查找元件的名称,键入 CAP 之后,就会自动出现所有的电容,查找结果如图 3-6 所示。或者在活动库栏的下面一栏输入要查找元件的名称,如图 3-6 所示,然后按回车键,即可得到查找结果。

2. 放置元件

查找到需要的元件之后,下一步就是放置元件了。放置元件有两种方法,分别是通过"Libraries"面板放置元件、通过菜单命令放置元件。

1)通过"Libraries"面板放置元件

单击查找到的元件名后,单击"Place Cap"按钮或者双击元件名,鼠标指针就变成"十"字形,同时一个 CAP 的轮廓悬浮在上面,用户移动鼠标指针时,CAP 的轮廓也会随之移动,在原理图上一个合适的位置单击鼠标左键,元件就放置好了。放置好一个元件之后,鼠标指针仍然还是"十"字形并悬浮着 CAP 轮廓,这表示还可以继续放置该元件,当用户想要结束放置该元件时,右击即可。

在放置元件的同时,按键盘上的空格键,元件会自动逆时针旋转 90°。

2)通过菜单命令放置元件

执行"Place"→"Part"命令,系统弹出"Place Part"对话框,如图 3-7 所示。

"Place Part"对话框中的主要参数介绍如下。

● "Physical Component"文本框:显示被放置元件的名称。

● "Logical Symbol"栏:显示被放置元件在库里的表示名称。

● "Designator"文本框:显示被放置元件在原理图中的标号。

● "Comment"文本框:显示被放置元件的说明。

● "Footprint"下拉列表:显示被放置元件的封装。

单击对话框中"Physical Component"文本框后的 ⋯ 按钮,系统会弹出"Browse Libraries"对话框,如图 3-8 所示。

在"Miscellaneous Devices. IntLib"库中选择元件 CAP,单击"OK"按钮,"Place Part"对

话框中会出现选中的元件名及属性。单击"OK"按钮,就可以放置元件了。

图 3-7 "Place Part"对话框

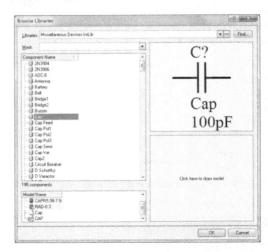

图 3-8 "Browse Libraries"对话框

 ## 3.3 编辑元件属性

在放置元件之前,需要先编辑元件的属性。元件的属性设置主要包括五个方面:元件的基本属性设置、元件的外观属性设置、元件的扩展属性设置、元件的模型设置以及元件引脚的编辑。编辑元件的属性有两种方式,一种是手动方式,另一种是自动方式。

1. 手动方式

当 CAP 悬浮在十字光标上时,按 Tab 键,就会自动弹出"Component Properties"对话框如图 3-9 所示。还可以通过执行"Edit"→"Change"命令,此时鼠标指针变成"十"字形,将鼠标指针移到需要编辑属性的元件上,然后单击,也会弹出"Component Properties"对话框。

用户根据实际需要完成设置,然后单击"OK"按钮即可。

2. 自动方式

当电路原理图比较复杂,元件很多的时候,手动逐个编辑元件的标识,会很麻烦。Altium Designer Summer 09 提供了自动标识功能来实现对多个元件的编辑。

执行"Tools"→"Annotate Schematics"命令,系统会自动弹出"Annotate"对话框,如图3-10 所示。

图 3-9 "Component Properties"对话框

图 3-10 "Annotate"对话框

"Annotate"对话框中各选项介绍如下。

● "Order of Processing"下拉列表：用于设置元件标识的处理顺序。有"Up Then Across""Down Then Across""Across Then Up"以及"Across Then Down"四种处理顺序可供用户选择。其中："Up Then Across"表示按照元件在原理图上的位置，先自下而上后自左到右的顺序；"Down Then Across"表示先自上而下后自左到右的顺序；"Across Then Up"表示先自左到右后自下而上的顺序；"Across Then Down"表示先自左到右后自上而下的顺序。

● "Matching Options"列表框：用于设置元件的匹配参数。

● "Schematic Sheets To Annotate"区域：用于选择要标识的原理图，设置其注释范围、命令以及起始索引值等。"Schematic Sheet"用于选择要标识的原理图，勾选需要标识的原理图，直接单击"All On"按钮可以选中所有的原理图，单击"All Off"按钮可以取消选择所有的原理图。"Annotation Scope"用于设置需要标识的原理图的元件范围，有"All""Ignore Selected Parts"以及"Only Selected Parts"三种范围可供用户选择，"All"表示标识选中原理图中的所有元件，"Ignore Selected Parts"表示不标识选中的元件，"Only Selected Parts"表示只标识选中的元件。"Order"用于设置相同元件标识时的增量数。"Start Index"用于设置起始索引值。"Suffix"用于设置后缀。

● "Proposed Change List"列表框：用于显示改变前后的元件标号以及元件在哪个原理图中。

图 3-11　"Information"对话框

● "Reset All"按钮：单击该按钮，系统弹出如图 3-11 所示的提示框，在弹出的对话框中单击"OK"按钮，系统将复位所有的元件标号。

● "Update Changes List"按钮：单击该按钮，弹出提示框，在提示框中单击"OK"按钮，系统就根据设置的标识方式重新给元件标号。

● "Accept Changes（Create ECO）"按钮：单击该按钮，系统自动弹出"Engineering Change Order"对话框，如图 3-12 所示。

单击"Engineering Change Order"对话框中"Validate Changes"按钮，使标号变化有效，然后单击"Execute Changes"按钮，系统就会执行标号变化，元件的标号变化会在原理图中显示出来，单击"Report Changes"按钮，会出现如图 3-13 所示的预览表来显示变化。

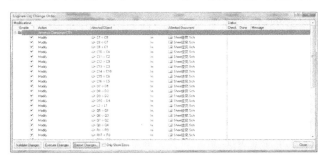

图 3-12　"Engineering Change Order"对话框

图 3-13　预览表

3.4　元件位置的调整

用户放置元件之后，需要调整这些元件的位置，从而使得整张图纸的布局更加合理，连线更加简单。

1. 元件的选取

元件的选取方法有很多,下面详细介绍三种常用的方法。

方法1:在原理图的图纸上拖出一个矩形框,框内的元件就会被选中。具体的操作步骤是:在图纸的一个适合的位置上,按住鼠标左键,此时鼠标指针会变成"十"字形,然后拖动鼠标指针到一个合适的位置,释放鼠标左键,则矩形区域内的所有元件被选中,如图3-14所示。

方法2:利用主工具栏中的区域选取工具来选取元件。在主工具栏中有三个区域选取工具,它们分别是选择区域内部的对象、移动选择对象、取消选择当前打开的所有文件和清除当前过滤器,如图3-15所示。

图 3-14　选取元件　　　　　　　　　　　图 3-15　主工具栏

● 选择区域内部的对象:该工具的作用是选中区域内的元件,和方法1基本相同。二者不同的地方是:选中该工具之后,鼠标指针自动变成"十"字形。

图 3-16　通过菜单命令选取元件

● 移动选择对象:该工具的作用是移动图纸上被选中的元件。选中该工具后,鼠标指针变为"十"字形,单击任何一个被选中的元件,移动鼠标指针,图纸上的所有被选中的元件一起随着鼠标指针移动。

● 取消选择当前打开的所有文件:该工具的作用是取消选择当前打开的所有文件中被选择的元件。选中该工具后,当前所有打开文件中被选对象全部取消被选状态。

● 清除当前过滤器:该工具用于清除当前过滤器。

方法3:如图3-16所示,执行"Edit"→"Select"命令,可以实现对元件的选取。

● "Inside Area"命令:用于选取区域内的元件,和主工具栏中的选择区域内部的对象工具一样。

● "Outside Area"命令:用于选取区域外的元件,和"Inside Area"命令相反。

● "All"命令:用于选取图纸上的所有元件。

● "Connection"命令:这是一个连接选取命令。执行该命令后,鼠标指针变为"十"字形,单击某一导线,则该导线及与该导线相互连接的导线全部被选中。

● "Toggle Selection"命令:这是一个切换选择命令。选择该命令后,鼠标指针立即变为"十"字形,若单击被选中的元件,则元件会变为未选中状态;若单击未选中的元件,则元件会变为选中状态。

2. 元件的剪贴

元件的剪贴包括元件的复制、剪切、粘贴以及橡皮图章,主工具栏包含这些工具,如图3-17所示。

剪切　粘贴

复制　橡皮图章

图 3-17　主工具栏

"Edit"菜单命令中也包含"Cut""Copy""Paste"以及"Smart Paste"命令,如图 3-18 所示。

●"Cut"命令:剪切命令,执行该命令后,原理图上被选中的元件被删除,同时也被移到剪贴板中。

●"Cope"命令:复制命令,将选中的元件复制到剪贴板中。

●"Paste"命令:粘贴命令,将剪贴板中的内容放入原理图中。

●"Smart Paste"命令:智能粘贴命令,该命令用于将当前剪贴板中的内容转换为设计对象,并将其粘贴到一个原理图文档。例如,用户可以复制一个选择的网络标签,然后智能粘贴它们作为端口或选定表的条目可以被粘贴为端口＋线＋网所有标签在一个粘贴动作。

3．元件的删除

有两个删除元件的命令,分别是"Clear"和"Delete",如图 3-18 所示。

●"Clear"命令:清除命令,执行该命令之前需先选中要清除的元件,执行该命令后,被选中的元件立即被清除。

●"Delete"命令:删除命令,执行该命令后,鼠标指针立即变为十字光标,移动鼠标指针到要删除的元件上并单击该元件,就可以删除该元件。

4．元件的排列和对齐

执行"Edit"→"Align"命令,系统会弹出如图 3-19 所示的菜单命令。

(1)"Align"命令:对齐命令,执行该命令后,系统会弹出如图 3-20 所示的"Align Objects"对话框。

"Align Objects"对话框中各选项的含义如下。

图 3-18　"Edit"菜单命令　　　图 3-19　"Align"菜单命令　　　图 3-20　"Align Objects"对话框

① "Horizontal Alignment"选项组包括以下几个单选项。

● "No Change"单选项：保持不变。

● "Left"单选项：使选中的元件向最左边的元件对齐。

● "Centre"单选项：使选中的元件向最左边元件和最右边元件的中间位置对齐。

● "Right"单选项：使选中的元件向最右边的元件对齐。

● "Distribute equally"单选项：使选中的元件向最左边元件和最右边元件之间等间距对齐。

② "Vertical Alignment"选项组包括以下几个单选项。

● "No Change"单选项：保持不变。

● "Top"单选项：使选中的元件向最上面的元件对齐。

● "Center"单选项：使选中的元件向最上面元件和最下面元件的中间位置对齐。

● "Bottom"单选项：使选中的元件向最下面的元件对齐。

● "Distribute equally"单选项：将选中的元件向最上面元件和最下面元件之间等间距对齐。

③ "Move primitives to grid"复选项：对齐之后，元件被放置在栅格点上。

（2）"Align Left"命令：作用与"Align Objects"对话框中的"Horizontal Alignment"选项组"Left"单选项的作用相同。

（3）"Align Right"命令：作用与"Align Objects"对话框中的"Horizontal Alignment"选项组"Right"单选项的作用相同。

（4）"Align Horizontal Centers"命令：作用与"Align Objects"对话框中的"Horizontal Alignment"选项组"Centre"单选项的作用相同。

（5）"Distribute Horizontally"命令：作用与"Align Objects"对话框中的"Horizontal Alignment"选项组"Distribute equally"单选项的作用相同。

（6）"Align Top"命令：作用与"Align Objects"对话框中的"Vertical Alignment"选项组"Top"单选项的作用相同。

（7）"Align Bottom"命令：作用与"Align Objects"对话框中的"Vertical Alignment"选项组"Bottom"单选项的作用相同。

（8）"Align Vertical Centers"命令：作用与"Align Objects"对话框中的"Vertical Alignment"选项组"Center"单选项的作用相同。

（9）"Distribute Vertically"命令：作用与"Align Objects"对话框中的"Vertical Alignment"选项组"Distribute equally"单选项的作用相同。

（10）"Align To Grid"命令：被选中的元件将对齐在栅格点上。

 ## 3.5　元件的基本布局

在绘制电路原理图时，很重要的一个环节是元件的布局。合理的布局，不仅可以使电路原理图看起来更加简单、美观，而且还便于连线。

元件的基本布局应遵循如下基本原则。

（1）电路图上的元件分布均匀。

（2）连线要尽可能短，避免多次拐弯，使得连线简单明了，方便查看。

（3）当需要连接的线路比较远，或者线路很复杂不便于走线的时候，可以使用相同的网络标号代替实际的连线。

（4）用总线代替多条并行线，简化电路。

（5）原理图中的文字，应简洁明了，且不能出现覆盖的情况。

3.6 布线工具的使用

元件放置好之后，需要使用布线工具栏中的一些工具来对元件进行电气连接，使得它们之间具有电气连接关系。

3.6.1 布线工具栏

布线工具栏中有 17 种绘制电路原理图的布线工具。用户可以利用布线工具栏、利用菜单命令以及利用快捷键三种方法调用这 17 种布线工具。

1. 利用布线工具栏

执行"View"→"Toolbar"→"Wiring"命令，打开如图 3-21 所示的布线工具栏。

图 3-21 布线工具栏

单击布线工具栏中的工具，然后在原理图上的合适位置单击，即可完成放置操作。

2. 利用菜单命令

利用"Place"菜单命令，也可以调用布线工具，如图 3-22 所示。

3. 利用快捷键

Altium Designer Summer 09 具有强大的快捷键功能，布线工具栏中的各种工具可以通过快捷键进行放置。

以上三种不同方法的对应关系如表 3-1 所示。

图 3-22 "Place"菜单命令

表 3-1 电路原理图三种布线方式的对应关系

布线工具图标	布线工具名称	"Place"菜单命令	快 捷 键
	Place Wire	Wire	P＋W
	Place Bus	Bus	P＋B
	Place Signal Harness	Harness→Signal Harness	P＋H＋H
	Place Bus Entry	Bus Entry	P＋U
	Place Net Label	Net Label	P＋N
	GND Power Port	Power Port	P＋O
	VCC Power Port	Power Port	P＋O
	Place Part	Part	P＋P
	Place Sheet Symbol	Sheet Symbol	P＋S
	Place Sheet Entry	Add Sheet Entry	P＋A

布线工具图标	布线工具名称	Place 菜单中的命令	快　捷　键
	Place Device Sheet Symbol	Device Sheet Symbol	P+I
	Place C Code Symbol	C Code Symbol	P+M
	Place C Code Entry	Add C Code Entry	P+Y
	Place Harness Connector	Harness→Harness Connector	P+H+C
	Place Harness Entry	Harness→Harness Entry	P+H+E
	Place Port	Port	P+R
	Place NO ERC	Directives→NO ERC	P+V+N

3.6.2　画导线

在电路原理图上绘制导线,可实现各元件之间的电气连接。

绘制导线的方法有如下三种:①单击布线工具栏中的 ≈ 图标;②执行"Place"→"Wire"命令;③按快捷键 P+W。

双击导线或者在导线处于放置状态时按 Tab 键,系统会弹出属性对话框,如图 3-23 所示。在导线属性对话框中主要可设置导线的颜色、线宽的参数。

● "Color":单击对话框的颜色块,系统弹出如图 3-24 所示的选择颜色对话框。在该对话框中,用户可以设置需要的导线颜色。

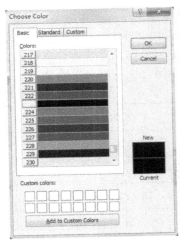

图 3-23　导线属性对话框　　　　图 3-24　选择颜色对话框

● "Wire Width":打开 Small 下拉列表框,有 Smallest、Small、Medium 以及 Large 四种线宽可供选择。

3.6.3　画总线、总线分支线

总线一般是数据总线或地址总线,总线没有任何的电气意义,只是为了简化原理图,使原理图更加简洁,必须使用总线分支线与元件连接导线上的网络标号来实现电气意义上的连接。

绘制总线的方法有如下三种:①单击布线工具栏中的 ☜ 图标;②执行"Place"→"Bus"

命令;③按快捷键 P＋B。

　　双击总线或者在总线处于放置状态时按 Tab 键,系统会弹出属性对话框,如图 3-25 所示。

　　绘制总线分支线的方法有如下三种:①单击布线工具栏中的 ＼ 图标;②执行"Place"→"Bus Entry"命令;③按快捷键 P＋U。

　　双击总线分支线或者在总线分支线处于放置状态时按 Tab 键,系统会弹出如图 3-26 所示的属性对话框。

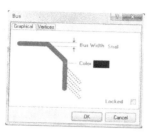

图 3-25　总线属性对话框

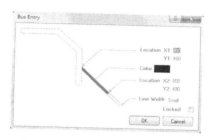

图 3-26　总线分支线属性对话框

3.6.4　网络标号

　　除了用导线连接元件之外,当走线很远或者走线复杂的时候,可以利用网络标号来实现元件之间的电气连接。网络标号具有电气连接意义,具有相同网络标号的元件引脚之间具有电气连接关系。

　　放置网络标号的方法有如下三种:①单击布线工具栏中的 Net 图标;②执行"Place"→"Net Label"命令;③按快捷键 P＋N。

　　双击网络标号或者在网络标号处于放置状态时按 Tab 键,系统会弹出属性对话框,如图 3-27 所示。

3.6.5　电源和接地符号

　　电源和地是电路原理图中必不可少的部分。放置电源和接地符号的方法有如下三种:①单击布线工具栏中的 Vcc 、 ⏚ 图标。②执行"Place"→"Power Port"命令。③按快捷键 P＋O。

　　双击电源和接地符号,或者在电源和接地符号处于放置状态时按 Tab 键,系统会弹出属性对话框,如图 3-28 所示,用户可以通过该对话框设置它们的颜色、位置、风格、角度以及所在网络的属性。

图 3-27　网络标号属性对话框

图 3-28　电源和接地符号属性对话框

3.6.6 放置电路方块图及其I/O接口

当电路非常复杂的时候,可以将电路原理图分为几个模块,顶层利用方块图来表示,底层则是实际的各个部分的电路,这就是层次电路的基本含义。我们可以把电路方块图看作是当前电路中的一个元件,将方块图的I/O接口看作是该元件的引脚。

放置电路方块图有如下三种方法:①单击布线工具栏中的 ▦ 图标;②执行"Place"→"Sheet Symbol"命令;③按快捷键P+S。

执行上述命令之后,拖动鼠标指针到一个合适的位置,然后单击就确定了电路方块图的左上方顶点,拖动鼠标到右下方,到一个合适的位置后,再单击就确定了右下方顶点。

双击电路方块图或者在电路方块图处于放置状态时按Tab键,系统会弹出属性对话框,如图3-29所示。

电路方块图属性对话框中各属性的含义如下。

- Location:用于设置电路方块图左上方顶点的X坐标值和Y坐标值。
- X-Size:用于设置电路方块图的长度。
- Y-Size:用于设置电路方块图的宽度。
- Border Width:用于设置电路方块图的边界宽度。
- Border Color:用于设置电路方块图的边界颜色。
- Fill Color:用于设置电路方块图的填充颜色。
- Designator:电路方块图的标识。
- Unique Id:电路方块图的唯一ID。
- Filename:电路方块图的文件名称。

放置电路方块图的I/O接口有如下三种方法:①单击布线工具栏中的 ▦ 图标;②执行"Place"→"Add Sheet Entry"命令;③按快捷键P+A。

双击电路方块图的I/O接口,或者在电路方块图的I/O接口处于放置状态时按Tab键,系统会弹出属性对话框,如图3-30所示。

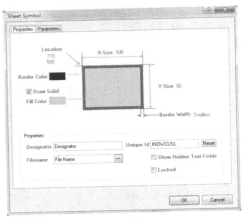

图3-29 电路方块图属性对话框

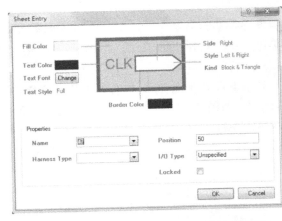

图3-30 电路方块图的I/O接口属性对话框

电路方块图的I/O接口属性对话框中各属性的含义如下。

- Fill Color:用于设置I/O接口的填充颜色。
- Text Color:用于设置I/O接口的文本颜色。
- Border Color:用于设置I/O接口的边界颜色。

- Text Font：用于设置 I/O 接口的文本字体，单击右侧的"Change"按钮即可更改字体。
- Text Style：用于设置 I/O 接口的文本类型。
- Side：用于设置 I/O 接口放置的方位，包括左、右、顶和底。
- Style：用于设置 I/O 接口的图示类型，可在下拉列表中选择图示类型。
- Kind：用于设置 I/O 接口的种类，可在下拉列表中选择类别。
- Name：用于设置端口名称。
- Position：I/O 接口的位置。
- Harness Type：I/O 接口的线束类型。

I/O Type：用于设置端口的类型，包括 Unspecified（未指定）、Output（输出）、Input（输入）及 Bidirectional（双向）四种类型。

3.6.7　放置输入/输出端口

放置输入/输出端口可以实现电路的连接，它和网络标号一样，具有电气连接意义。

放置输入/输出端口有如下三种方法：①单击布线工具栏中的 图标；②执行"Place"→"Port"命令；③按快捷键 P+R。

执行上述命令后，将鼠标指针移到原理图上一个合适的位置单击，输入/输出端口的左端就确定了，然后移动鼠标可以调整输入/输出端口的大小，将鼠标指针移到一个合适的位置后单击，这样整个输入/输出端口就放置好了。

双击输入/输出端口，或者在输入/输出端口处于放置状态时按 Tab 键，系统会弹出属性对话框，如图 3-31 所示。

输入/输出端口属性对话框中各属性的含义如下。

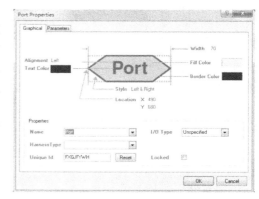

图 3-31　输入/输出端口属性对话框

- Alignment：用于设置输入/输出端口名称的位置。
- Text Color：用于设置输入/输出端口文本的颜色。
- Width：用于设置输入/输出端口的宽度。
- Fill Color：用于设置输入/输出端口的填充颜色。
- Border Color：用于设置输入/输出端口的边界颜色。
- Style：用于设置输入/输出端口的类型。
- Location：用于设置输入/输出端口的位置，包括左端点的 X 坐标和 Y 坐标。
- Name：用于设置输入/输出端口的名称。
- I/O Type：用于设置输入/输出端口的 I/O 类型，包括未指定、输出、输入及双向四种类型。
- Harness Type：输入/输出端口的线束类型。
- Unique Id：输入/输出端口的唯一 ID。

3.6.8　放置节点

节点可以将两条相交的导线连接起来。电路原理图上两条相交的导线，如果在它们的交点处有节点,那么它们在电气上是连接的;如果没有节点,那么它们在电气上没有连接。

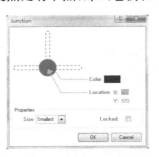

图 3-32　节点属性对话框

放置节点有如下两种方法:① 执行"Place"→"Manual Junction"命令。②按快捷键 P+J。

双击节点,或者在节点处于放置状态时按 Tab 键,系统会弹出属性对话框,如图 3-32 所示。

节点属性对话框中各属性的含义如下。

● Color:用于设置节点的颜色。

● Location:用于设置节点的位置,包括节点中心的 X 坐标和 Y 坐标。

● Size:用于设置节点的大小,一共有四种大小可供选择,即 Smallest(最小)、Small(小)、Medium(中)及 Large(大)。

3.7　绘图工具的使用

绘制完一张电路原理图之后,需要为原理图添加一些说明性的文字和图形,使得原理图更加美观,还可以增加电路的可读性。

3.7.1　绘图工具栏

执行"View"→"Toolbars"→"Utilities"命令,打开如图 3-33 所示的绘图工具栏。

图 3-33　绘图工具栏

3.7.2　绘制直线

利用绘图工具栏绘制的直线,只是起标注的作用,不具有电气特性。

绘制直线的具体步骤如下。

(1) 使用下列一种方法绘制直线:①执行"Place"→"Drawing Tools"→"Line"命令;②单击布线工具栏中的 / 图标。

(2) 执行上述操作之后,鼠标指针变为十字光标,在原理图上单击,确定直线的一个端点,然后移动鼠标指针,在一个合适的位置上单击,一条直线就确定了。

(3) 双击直线,或者在直线处于放置状态时按 Tab 键,系统会弹出属性对话框,如图3-34所示。

对话框中的直线的属性项与导线的属性项类似,这里不详细说明。

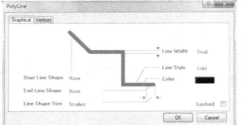

图 3-34　直线属性对话框

3.7.3　绘制多边形

绘制多边形的具体步骤如下。

(1) 使用下列一种方法绘制多边形:①执行"Place"→"Drawing Tools"→"Polygon"命令;②单击布线工具栏中的 ▧ 图标。

(2) 执行上述操作之后,鼠标指针变为十字光标,在原理图上单击,确定多边形的一个顶点,然后移动鼠标指针,依次确定多边形的各个顶点并单击,一个多边形就确定了。

（3）双击多边形，或者在多边形处于放置状态时按 Tab 键，系统会弹出如图 3-35 所示的属性对话框。

用户根据需要设置好各属性后，单击"OK"按钮即可。

3.7.4　绘制圆弧和椭圆弧线

圆弧是椭圆弧的特例，下面主要讲解绘制椭圆弧的具体步骤。

绘制椭圆弧的具体步骤如下。

（1）使用下列一种方法绘制椭圆弧：①执行"Place"→"Drawing Tools"→"Elliptical Arc"命令；②单击布线工具栏中的 ⌒ 图标。

（2）执行上述操作之后，鼠标指针变为十字光标，进入椭圆弧放置模式。在原理图上单击，先确定椭圆弧的中心点，然后依次确定椭圆弧 X 方向的半径和 Y 方向的半径，最后依次确定椭圆弧的两个端点，这样就完成了椭圆弧的绘制。

（3）双击椭圆弧，或者在椭圆弧处于放置状态时按 Tab 键，系统会弹出属性对话框，如图 3-36 所示。

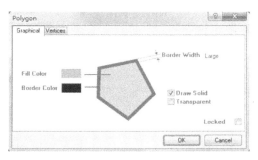

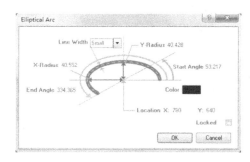

图 3-35　多边形属性对话框　　　　　图 3-36　椭圆弧属性对话框

椭圆弧属性对话框中各属性的含义如下。

- Line Width：用于设置椭圆弧的线宽。
- X-Radius：用于设置椭圆弧 X 方向的半径。
- Y-Radius：用于设置椭圆弧 Y 方向的半径。
- Start Angle：用于设置椭圆弧起始角的大小。
- End Angle：用于设置椭圆弧终止角的大小。
- Location：用于设置椭圆弧中心点的位置，包括 X 方向的坐标和 Y 方向的坐标。

如果要绘制圆弧，只需将椭圆弧 X 方向的半径和 Y 方向的半径设置为相等即可。

3.7.5　绘制贝赛尔曲线

贝塞尔曲线是通过若干个点进行拟合而形成的一条平滑的曲线。

绘制贝赛尔曲线的具体步骤如下。

（1）使用下列一种方法绘制贝赛尔曲线：①执行"Place"→"Drawing Tools"→"Bezier"命令；②单击布线工具栏中的 ∿ 图标。

（2）执行上述操作之后，鼠标指针变为十字光标，在原理图上合适的位置上单击确定贝赛尔曲线的第一个固定点，即每单击一次确定一个固定点。

（3）双击贝赛尔曲线，或者在贝赛尔曲线处于放置状态时按 Tab 键，系统会弹出如图 3-37所示的属性对话框。

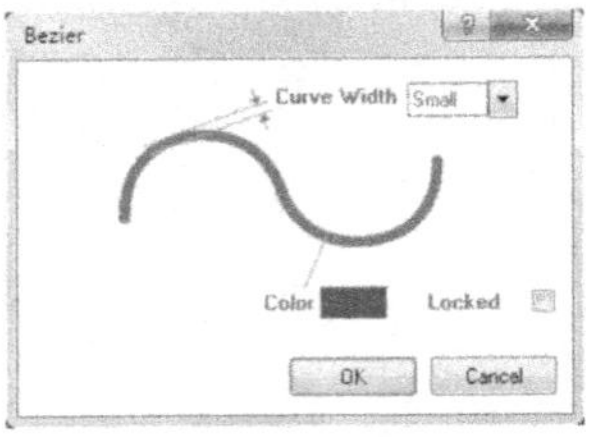

图 3-37 贝赛尔曲线属性对话框

在该对话框中可以设置贝赛尔曲线的线宽和颜色。

3.7.6 插入文本字符串

在原理图中插入的文本字符串可以起到标注的作用。

插入文本字符串的具体步骤如下。

（1）使用下列一种方法插入文本字符串：①执行"Place"→"Text String"命令；②单击布线工具栏中的 **A** 图标。

（2）执行上述操作之后，鼠标指针变为一个悬浮着文本字符串的十字光标，在原理图上合适的位置上单击，就完成了文本字符串的插入。

（3）双击文本字符串，或者在文本字符串处于放置状态时按 Tab 键，系统会弹出属性对话框，如图 3-38 所示。

在该对话框中，用户可根据需要设置文本字符串的文本内容、颜色及位置等等。

3.7.7 插入文本框

在原理图中插入的文本框，同样能起标注的作用。

插入文本框的具体步骤如下。

（1）使用下列一种方法插入文本框：①执行"Place"→"Text Frame"命令；②单击布线工具栏中的 图标。

（2）执行上述操作之后，鼠标指针变为一个悬浮着虚线矩形框的十字光标，在原理图上合适的位置单击，确定了文本框的左下角，然后拖动鼠标，单击，确定文本框的右上角，整个文本框就确定了。

（3）双击文本框，或者在文本框处于放置状态时按 Tab 键，系统将弹出如图 3-39 所示的属性对话框。

图 3-38 文本字符串属性对话框

单击"Text"按钮，系统弹出如图 3-40 所示的"TextFrame Text"对话框。在该对话框中，可以输入字符、数字等。

图 3-39 文本框属性对话框

图 3-40 "TextFrame Text"对话框

3.7.8 绘制矩形

绘制矩形的具体步骤如下。

（1）使用下列一种方法绘制矩形：①执行"Place"→"Drawing Tools"→"Rectangle"命

令;②单击布线工具栏中的 □ 图标。

(2) 执行上述操作之后,鼠标指针变为一个悬浮着矩形的十字光标,在原理图上合适的位置单击,确定了矩形的左上角,然后拖动鼠标,单击,确定了矩形的右下角,整个矩形就确定了。

(3) 双击矩形,或者在矩形处于放置状态时按 Tab 键,系统将弹出如图 3-41 所示的属性对话框。

在该对话框中,可以设置矩形的边界宽度、填充颜色、边界颜色、右上角坐标及左下角坐标。

3.7.9 绘制圆角矩形

绘制圆角矩形的具体步骤如下。

(1) 使用下列一种方法绘制圆角矩形:①执行"Place"→"Drawing Tools"→"Round Rectangle"命令;②单击布线工具栏中的 ▢ 图标。

(2) 执行上述操作之后,鼠标指针变为一个悬浮着圆角矩形的十字光标,在原理图上合适的位置单击,确定圆角矩形的左下角,然后拖动鼠标,单击,确定圆角矩形的右上角,整个圆角矩形就确定了。

(3) 双击圆角矩形,或者在圆角矩形处于放置状态时按 Tab 键,系统会弹出如图 3-42 所示的属性对话框。

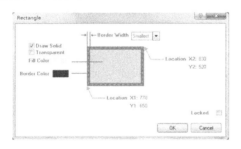 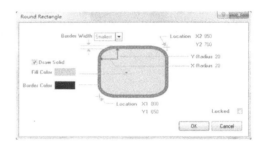

图 3-41　矩形属性对话框　　　　　图 3-42　圆角矩形属性对话框

在该对话框中,"Location X1"/"Location Y1","Location X2"/"Location Y2"分别用于设置圆角矩形两个对角的 X 方向和 Y 方向的坐标;X-Radius、Y-Radius 分别用于设置圆角矩形的圆弧线的横坐标半径和纵坐标半径。

3.7.10 绘制圆形和椭圆形

圆形是椭圆形的特例,下面以绘制椭圆形为例介绍绘制方法。

绘制椭圆形的具体步骤如下。

(1) 使用下列一种方法绘制椭圆形:①执行"Place"→"Drawing Tools"→"Ellipse"命令;②单击布线工具栏中的 ◯ 图标。

(2) 执行上述操作之后,鼠标指针变为一个悬浮着椭圆形的十字光标,在原理图上合适的位置单击,依次确定椭圆形的中心、X 坐标半径以及 Y 坐标半径。

(3) 双击椭圆形,或者在椭圆形处于放置状态时按 Tab 键,系统会弹出如图 3-43 所示的属性对话框。

在该对话框中可以设置椭圆形的边界宽度、边界颜色、填充颜色、位置,以及 X 坐标半径和 Y 坐标半径。

绘制圆形,只需将该对话框中的 X 坐标半径和 Y 坐标半径设置为相等即可。

3.7.11　绘制饼图

绘制饼图的具体步骤如下。

（1）使用下列一种方法绘制饼图：①执行"Place"→"Drawing Tools"→"Pie Chart"命令；②单击布线工具栏中的 ◢ 图标。

（2）执行上述操作之后，鼠标指针变为一个悬浮着饼图的十字光标，在原理图上合适的位置单击，依次确定饼图的中心、半径、起始角及终止角。

（3）双击饼图，或者在饼图处于放置状态时按 Tab 键，系统会弹出如图 3-44 所示的属性对话框。

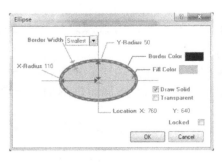

图 3-43　椭圆形属性对话框　　　　　　图 3-44　饼图属性对话框

在该对话框中，可设置饼图的中心位置、半径、起始角和终止角等等。

3.7.12　插入图片

插入图片的具体步骤如下。

（1）使用下列一种方法插入图片：①执行"Place"→"Drawing Tools"→"Graphic"命令；②单击布线工具栏中的 ▨ 图标。

（2）执行上述操作之后，鼠标指针变为一个悬浮着矩形框的十字光标，在原理图上一个合适的位置单击，确定矩形框的左下角，然后拖动鼠标，单击，确定矩形框的右上角。然后系统自动弹出"打开"对话框，如图 3-45 所示。找到需要插入图片的路径并选择，单击"打开（O）"按钮，就完成了图片的插入。

（3）双击图片，或者在图片处于放置状态时按 Tab 键，系统会弹出属性对话框，如图 3-46所示。

在该对话框中，可设置插入图片的边界宽度、边界颜色、左下角的位置和右上角的位置。

图 3-45　"打开"对话框　　　　　　　图 3-46　图片属性对话框

3.8 绘制简单的原理图

3.8.1 共发射极放大电路原理图

共发射极放大电路是由三极管、电阻、电容及两针式连接器等组成的简单电路。共发射极放大电路原理图如图 3-47 所示。

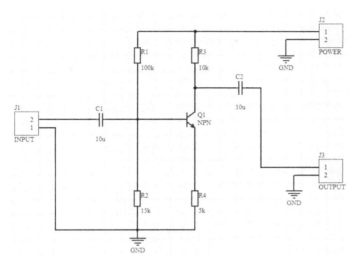

图 3-47 共发射极放大电路原理图

共发射极放大电路由一个三极管、四个电阻、两个电容和三个两针式连接器组成，它们的元件类型、元件序号、参考元件库及参考元件如表 3-2 所示。

表 3-2 参考元件模型

元件类型	元件序号	参考元件库	参考元件
NPN	Q1	Miscellaneous Devices.lib	NPN
100k	R1	Miscellaneous Devices.lib	RES2
15k	R2	Miscellaneous Devices.lib	RES2
10k	R3	Miscellaneous Devices.lib	RES2
5k	R4	Miscellaneous Devices.lib	RES2
10μ	C1	Miscellaneous Devices.lib	CAP
10μ	C2	Miscellaneous Devices.lib	CAP
CON2	J1	Miscellaneous Connectors.lib	CON2
CON2	J2	Miscellaneous Connectors.lib	CON2
CON2	J3	Miscellaneous Connectors.lib	CON2

绘制共发射极放大电路原理图的具体步骤如下。

（1）新建一个原理图，将它命名为"共发射极放大电路"并保存。按照表 3-2，在参考元件库中找到所有的元件，然后将它们放置在原理图上，并对这些元件进行布局，使得设计更加合理，如图 3-48 所示。

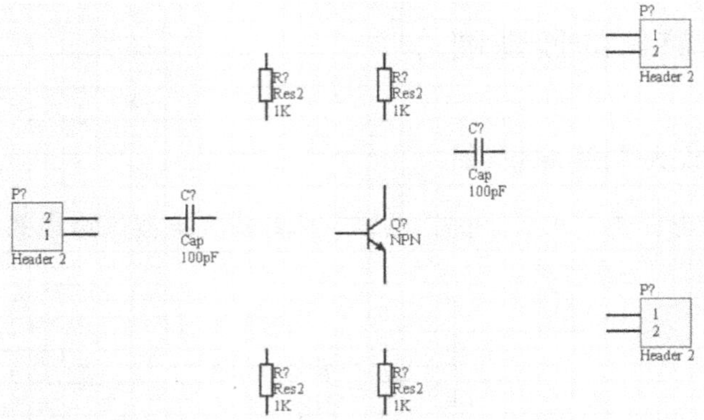

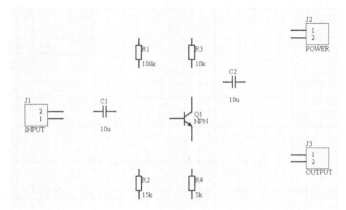

图 3-48　元件布局

（2）修改每个元件的"Designator"和"Value"，修改后的结果如图 3-49 所示。

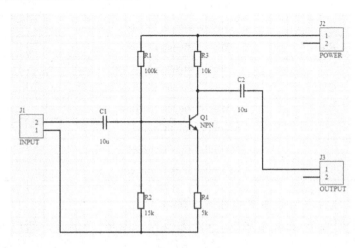

图 3-49　修改后的结果

（3）单击布线工具栏中的 ～ 图标，鼠标指针变为十字光标，将光标移到元件的一端管脚处，单击，并确定导线的一个端点，拖动鼠标到合适的位置再单击，一根导线就绘制好了。导线绘制完成后的结果如图 3-50 所示。

图 3-50　导线绘制完成后的结果

（4）在原理图上放置电源和接地符号。单击布线工具栏上的 ⏚ 图标，然后在原理图上合适的位置单击，依次放置好三个接地符号，然后完成连线。绘制完成的电路原理图如图3-51所示。

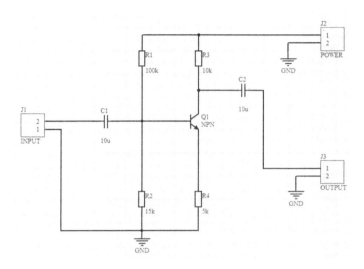

图 3-51 绘制完成的电路原理图

3.8.2 晶体测试电路原理图

晶体测试电路主要是由被测晶体、场效应管、三极管、普通二极管、发光二极管、电阻、电容和电感等组成的。晶体测试电路的原理图如图 3-52 所示。

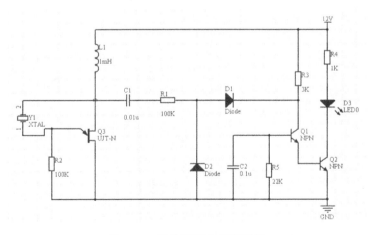

图 3-52 晶体测试电路原理图

晶体测试电路由一个被测晶体、一个场效应管、两个三极管、两个普通二极管、一个发光二极管、五个电阻、两个电容和一个电感组成，它们的元件类型、元件序号、参考元件库及参考元件如表 3-3 所示。

绘制晶体测试电路原理图的具体步骤如下。

（1）新建一个原理图，将它命名为"晶体测试电路"并保存。按照表 3-3，在参考元件库中找到所有的元件，然后将它们放置在原理图上，并对这些元件进行布局，使得设计更加合理，然后修改每个元件的"Designator"和"Value"，如图 3-53 所示。

表 3-3　参考元件模型

元件类型	元件序号	参考元件库	参考元件
XTAL	Y1	Miscellaneous Devices. lib	XTAL
UJT-N	Q3	Miscellaneous Devices. lib	UJT-N
NPN	Q1	Miscellaneous Devices. lib	NPN
NPN	Q2	Miscellaneous Devices. lib	NPN
Diode	D1	Miscellaneous Devices. lib	Diode
Diode	D2	Miscellaneous Devices. lib	Diode
LED	D3	Miscellaneous Devices. lib	LED
100k	R1	Miscellaneous Devices. lib	RES2
100k	R2	Miscellaneous Devices. lib	RES2
3k	R3	Miscellaneous Devices. lib	RES2
1k	R4	Miscellaneous Devices. lib	RES2
22k	R5	Miscellaneous Devices. lib	RES2
0.01μ	C1	Miscellaneous Devices. lib	Cap
0.1μ	C2	Miscellaneous Devices. lib	Cap
1mH	L1	Miscellaneous Devices. lib	Inductor

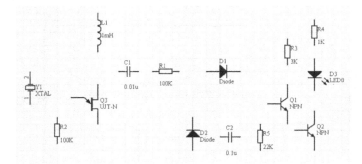

图 3-53　元件布局图

（2）单击布线工具栏中的 ≈ 图标，鼠标指针变为十字光标，将光标移到元件的一端管脚处，单击，确定导线的一个端点，拖动鼠标到合适的位置再单击，一根导线就绘制好了。导线绘制完成后如图 3-54 所示。

（3）在原理图上放置电源和接地符号。单击布线工具栏上的 Ṿcc 和 ≟ 图标，然后在原理图上合适的位置单击完成放置操作，双击电源符号，弹出如图 3-55 所示的属性对话框，在"Net"文本框中输入"12 V"，然后单击"OK"按钮，最后完成连线，绘制完成的电路原理图如图 3-56 所示。

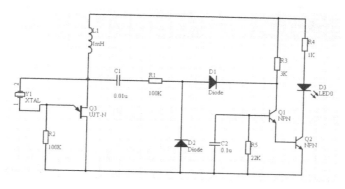

图3-54　导线绘制完成后的结果

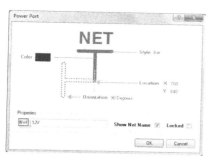

图3-55　电源属性对话框

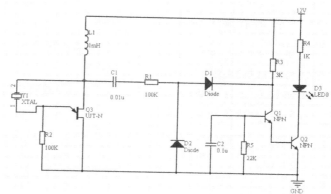

图3-56　绘制完成的电路原理图

本　章　小　结

　　本章主要介绍了原理图的绘制,包括如何载入元件库、元件的查找和放置、编辑元件属性、元件位置的调整、元件的基本布局、布线工具和绘图工具的使用,以及如何绘制简单的原理图。

第4章 原理图的后续处理

4.1 在原理图中添加 PCB 设计规则

PCB 设计规则可以在原理图编辑器中添加,也可以在 PCB 编辑器中定义。两者的不同之处在于:在原理图编辑器中,设计规则的作用范围就是添加规则所处的位置;而在 PCB 编辑器中,设计规则的作用范围需要在规则中定义。用户可以提前定义好 PCB 设计规则,以便进行下一阶段的 PCB 设计。

4.1.1 在对象属性中添加设计规则

设置一个对象(元件、引脚、输入/输出端口以及电路方块图)的属性时,比如一个电阻,它的属性对话框如图 4-1 所示。

单击该对话框中的"Add as Rule"按钮,系统自动弹出如图 4-2 所示的"Parameter Properties"(参数属性)对话框。

图 4-1 元件属性对话框

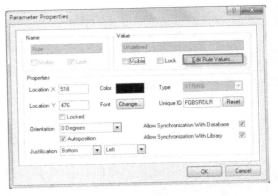

图 4-2 "Parameter Properties"对话框

单击该对话框中的"Edit Rule Values"按钮,系统弹出如图 4-3 所示的"Choose Design Rule Type"(选择设计规则型)对话框。

4.1.2 在原理图中放置 PCB Layout 标识

对于网络属性对话框,如果要给它们添加设计规则,那么需要在网络上放置 PCB Layout 标志。

下面以图 4-4 所示的电路图为例,详细讲述给图中的 VCC 网络和 GND 网络添加一条宽度为 20mil 走线的设计规则。

具体步骤如下。

(1) 执行"Place"→"Directives"→"PCB Layout"命令,此时鼠标指针会变为一个悬浮着 PCB Rule 的十字光标,按 Tab 键,系统自动弹出如图 4-5 所示的"Parameters"(参数)对话框。

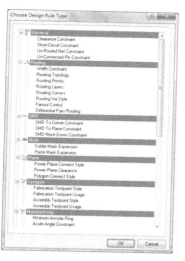

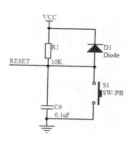

图 4-3 "Choose Design Rule Type"对话框　　　　图 4-4 示例电路

（2）单击该对话框中的"Add as Rule"按钮，系统自动弹出如图 4-2 所示的"Parameter Properties"（参数属性）对话框，再单击其中的"Edit Rule Values"按钮，系统弹出如图 4-3 所示的"Choose Design Rule Type"（选择设计规则型）对话框。

（3）在如图 4-3 所示的对话框中，双击"Width Constraint"项，系统会弹出如图 4-6 所示的"Edit PCB Rule（From Schematic）-Max-Min Width Rule"〔编辑 PCB 规则（从原理图）——最大-最小宽度原则〕对话框。

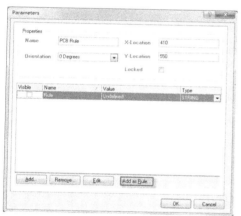

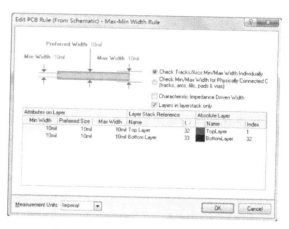

图 4-5 "Parameters"对话框

图 4-6 "Edit PCB Rule（From Schematic）-Max-Min Width Rule"对话框

该对话框中各选项的含义如下。

● Min Width：走线的最小宽度。

● Preferred Width：走线首选宽度。

● Max Width：走线的最大宽度。

将以上三项都设置为 20 mil，单击"OK"按钮。

（4）将设置好的 PCB Layout 标志放置到网络中，就完成了对 VCC 网络和 GND 网络走线宽度的设置，效果如图 4-7 所示。

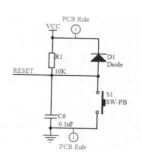

图 4-7 效果图

43

4.2 原理图的查错与编译

Altium Designer Summer 09 可以对原理图的电气特性进行检查,如果有错误,会在 "Messages"工作面板中列出错误的信息。用户可以设置检测规则,然后根据面板中列出的错误信息对原理图进行修正。

4.2.1 原理图的自动检测设置

执行"Project"→"Project Options"命令,系统弹出如图 4-8 所示的"Options for PCB Project…"(PCB 项目选项)对话框。

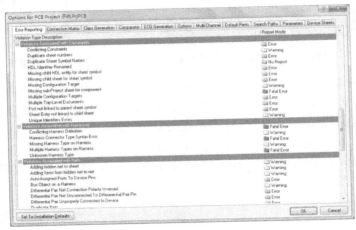

图 4-8 "Options for PCB Project…"对话框

该对话框中各选项卡的含义如下。

● "Error Reporting"选项卡:用于设置原理图的电气检查法则。对文件进行编译时,系统会根据该选项卡中的检查法则进行电气法则的检查。

● "Connection Matrix"选项卡:用于设置电路连接方面的检测法则。对文件进行编译时,系统会根据该选项卡中的检测法则对电路连接方面进行检测。

● "Class Generation"选项卡:用于设置自动生成分类。

● "Comparator"选项卡:用于设置比较器。当对两个文档进行比较时,系统会根据该选项卡的设置进行检测。

● "ECO Generation"选项卡:用于设置项目变更命令。根据比较器检测到的不同点,通过对该选项卡进行设置来决定是否导入改变后的信息,一般在原理图与 PCB 之间的同步更新中应用较多。

● "Options"选项卡:用于设置文件的输出、网络报表以及网络标号等信息。

● "Multi-Channel"选项卡:用于设置多通道设计。

● "Default Prints"选项卡:用于设置默认的打印输出。

● "Search Paths"选项卡:用于设置搜索的路径。

● "Parameters"选项卡:用于设置项目文件参数。

在以上的各个选项卡中,和原理图检测相关的主要有"Error Reporting"选项卡、"Connection Matrix"选项及"Comparator"选项卡。下面主要介绍"Error Reporting"选项卡和“Connection Matrix”选项卡。

1.“Error Reporting”选项卡

该选项卡中主要有六类电气错误类型检查。

1）“Violations Associated with Buses”栏

● “Bus indices out of range”：总线分支超出范围错误。例如：当定义总线的网络标号为 [0…7]时，如果存在 D8 及以上的总线分支线，系统就会报错。

● “Bus range syntax errors”：用户可以利用网络标号对总线进行命名，当总线的命名出现错误时就违反了该规则。

● “Illegal bus definitions”：非法的总线定义。

● “Illegal bus range values”：非法的总线排列值。

● “Mismatched bus label ordering”：总线分支线排列错误。当总线分支线的方向不一样时，就违反了该规则。

● “Mismatched bus widths”：总线宽度不匹配。

● “Mismatched Bus-Section index ordering”：总线指示排序错误。

● “Mismatched Bus/Wire object on Wire/Bus”：在总线上放置了与总线不匹配的对象。

● “Mismatched electrical types on bus”：总线上电气的类型错误。总线上不允许定义电气类型，不然就违反了该规则。

● “Mismatched Generics on bus(First Index)”：总线范围值的首位错误。总线的首位和总线分支线的首位应该对应，不然就违反了该规则。

● “Mismatched Generics on bus(Second Index)”：总线范围值的末位错误。

● “Mixed generics and numeric bus labeling”：总线网络名称错误，使用了符号和数字的混合编号。

2）“Violations Associated with Components”栏

● “Component Implementations with duplicate pins usage”：原理图中有元件的引脚被重复使用了。

● “Component Implementations with invalid pin mappings”：有非法的元件封装引脚。

● “Component Implementations with missing pins in sequence”：元件的引脚丢失。

● “Components containing duplicate sub-parts”：元件包含了重复的子元件。

● “Components with duplicate Implementations”：元件在一个原理图中被重复使用。

● “Components with duplicate pins”：元件有重复的引脚。

● “Duplicate Component Models”：重复的元件模型。

● “Duplicate Part Designators”：重复的元件标号。

● “Errors in Component Model Parameters”：元件模型参数出现错误。

● “Extra pin found in component display mode”：在元件显示模型中出现多余的引脚。

● “Mismatched hidden pin connections”：隐藏引脚的连接有错误。

● “Mismatched pin visibility”：原理图中引脚的可视性存在错误，与用户的设置不匹配。

● “Missing Component Model Parameters”：丢失元件模型参数。

● “Missing Component Models”：丢失元件模型。

● “Missing Component Models in Model Files”：在元件模型所属库里找不到元件的模型。

● “Missing pin found in component display mode”：元件的显示模型中丢失了某一

引脚。

- "Models Found in Different Model Locations"：元件的模型不是在指定的路径下找到的。
- "Sheet Symbol with duplicate entries"：方块电路中有重复的端口。
- "Un-Designated parts requiring annotation"：没有被标号的元件需要分开标号。
- "Unused sub-part in component"：元件的子元件没有被使用。

3）"Violations Associated with Documents"栏

- "Conflicting Constraints"：冲突的制约属性。
- "Duplicate sheet numbers"：重复的图纸编号。
- "Duplicate Sheet Symbol Names"：重复的电路方块图。
- "Missing child sheet for sheet symbol"：电路方块图中丢失了子原理图。
- "Missing Configuration Target"：缺少任务配置。
- "Missing sub-Project sheet for component"：元件丢失了子项目。
- "Multiple Configuration Targets"：多重的任务配置。
- "Multiple Top-Level Documents"：多重的顶层文档。
- "Port not linked to parent sheet symbol"：子原理图和主方块电路中端口的连接出现

错误。

- "Sheet Entry not linked to child sheet"：电路端口和子原理图的连接出现错误。

4）"Violations Associated with Nets"栏

- "Adding hidden net to sheet"：向原理图中添加隐藏的网络。
- "Adding Items from hidden net to net"：从隐藏网络向已有网络中添加项目。
- "Auto-Assigned Ports To Device Pins"：自动分配端口到器件引脚。
- "Duplicate Nets"：重复的网络。
- "Floating net labels"：悬空的网络标号。
- "Floating power objects"：悬空的电源符号。
- "Global Power-Object scope changes"：全局的电源符号出现错误。
- "Net Parameters with no name"：没有命名的网络参数。
- "Net Parameters with no value"：没有赋值的网络参数。
- "Nets containing floating input pins"：网络包含悬空的输入引脚。
- "Nets containing multiple similar objects"：网络包含多个相似的项目。
- "Nets with multiple names"：网络有多种名称。
- "Nets with no driving source"：网络没有驱动源。
- "Nets with only one pin"：网络只有一个引脚。
- "Nets with possible connection problems"：网络有连接错误。
- "Sheets containing duplicate ports"：原理图包含重复的端口。
- "Signals with multiple drivers"：信号有多个驱动源。
- "Signals with no driver"：信号没有驱动源。
- "Signals with no load"：信号没有负载。
- "Unconnected objects in net"：网络中有没有连接的项目。
- "Unconnected wires"：没有电气连接的导线。

5）"Violations Associated with Others"栏

- "No Error"：没有连接错误。

- "Object not completely within sheet boundaries"：对象超出了原理图范围。
- "Off-grid object(0.05 grid)"：对象不在格点上。

6）"Violations Associated with Parameters"栏

- "Same parameter containing different types"：同样的参数被设置了不同的类型。
- "Same parameter containing different values"：同样的参数被设置了不同的值。

"Error Reporting"选项卡一般采用系统默认的设置。如果用户想改变其中的设置，那么单击每一栏右侧的"Report Mode"进行设置，有四种设置可供用户选择：No Report、Warning、Error 及 Fatal Error。

2. "Connection Matrix"选项卡

"Connection Matrix"选项卡用于定义所有与违反电气连接特性有关报告的错误等级，如图 4-9 所示。

当编译原理图时，错误信息会在原理图中显示出来。如果用户想要改变错误信息的等级，那么只需单击"Connection Matrix"选项卡中的颜色块，每单击一次改变一次，它的错误等级选项与"Error Reporting"选项卡的一致，即 No Report、Warning、Error 及 Fatal Error 这四个等级。在"Connection Matrix"选项卡的空白区域右击就会出现快捷菜单，可以设置一些特殊形式。单击"Set To Installation Defaults"按钮可以将设置恢复为系统的默认设置。

4.2.2 原理图的编译

设置好原理图中的各种电气错误的等级之后，就可以对原理图进行编译了。执行"Project"→"Compile Document"命令就可以进行文件的编译。文件编译之后，在"Meessages"面板中会显示系统的检测结果。

打开"Meessages"面板，有如下三种方式。

（1）执行"View"→"Workspace Panels"→"System"→"Messages"命令，如图 4-10 所示。

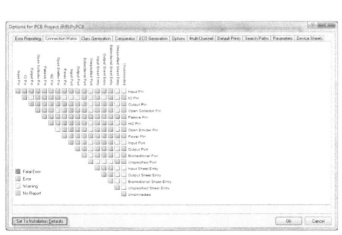

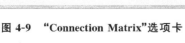

图 4-9 "Connection Matrix"选项卡

图 4-10 菜单操作

（2）单击工作窗口右下角的"System"，然后在弹出的标签中选择"Messages"项，如图 4-11 所示。

（3）在原理图编辑窗口中右击，在弹出的快捷菜单中依次选择"Workspace Panels"→"System"→"Messages"项，如图 4-12 所示。

图 4-11　标签操作　　　　　　　　图 4-12　右键快捷菜单操作

4.2.3　原理图的修正

编译原理图之后，如果有等级为"Error"或者"Fatal Error"的错误，"Messages"面板会自动弹出。如果只有等级为"Warning"的错误，则用户需要自己打开"Messages"面板进行修改。

下面以如图 4-13 所示的辅助电源电路为例，详细说明修正原理图的具体步骤。在图4-13所示原理图中，A 点、B 点和 C 点应该要连接在一起。

修正原理图的具体步骤如下。

（1）执行"Project"→"Compile Document Sheet1. SchDoc"命令，这时"Messages"面板没有自动弹出，说明电路没有错误或者没有严重的错误。执行"View"→"Workspace Panels"→"System"→"Messages"命令，打开"Messages"面板，如图 4-14 所示。

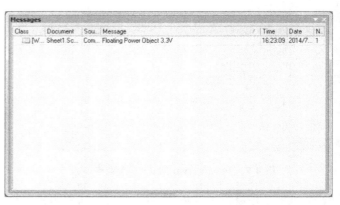

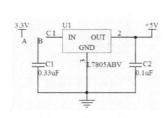

图 4-13　示例电路　　　　　　　图 4-14　编译后的"Messages"面板

（2）在"Messages"面板中双击错误项，系统弹出如图 4-15 所示的"Compile Errors"面板。

"Compile Errors"面板中显示了该项错误的详细信息，并且在原理图中，错误信息对应的对象会被凸显，其他的对象被掩盖，用户可以对错误对象进行编辑。

（3）执行"Place"→"Wire"命令，将 A 点、B 点和 C 点用导线连接起来。再次编译，检查错误是否改正。

（4）保存改正后的原理图文件。

4.3　打印和报表输出

图 4-15　"Compile Errors"面板

Altium Designer Summer 09 支持打印输出，并且还能生成各种报表并输出。

4.3.1　打印输出

设计者设计好原理图后，为了便于浏览和交流，一般需要将原理图打印出来。Altium Designer Summer 09 具有直接将原理图打印输出的功能。

用户在打印原理图之前，需要对图纸进行页面设置。执行"File"→"Page Setup"命令，系统自动弹出如图 4-16 所示的"Schematic Print Properties"对话框。

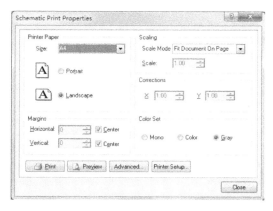

图 4-16　"Schematic Print Properties"对话框

"Schematic Print Properties"对话框中各选项的含义如下。

1. "Printer Paper"选项组

● "Size"下拉列表：用于设置打印纸的大小。

● "Portrait"单选项：将图纸竖着放。

● "Landscape"单选项：将图纸横着放。

2. "Margins"选项组

● "Horizontal"：用于设置水平页边距。当不勾选右侧的"Center"复选项时，用户可以任意设置。

● "Vertical"：用于设置垂直页边距。当不勾选右侧的"Center"复选项时，用户可以任意设置。

3. "Scaling"选项组

● "Scale Mode"下拉列表：用于设置比例模式。有两种模式可供用户选择，即"Scaled Print"和"Fit Document On Page"。如果选择"Scaled Print"模式，用户可以自行设置比例的大小，整张图纸会以用户设置的比例进行打印，打印出来可能是一张图纸，也可能是多张图纸。如果选择"Fit Document On Page"模式，系统会自动调整比例，从而将整张原理图打印在一张图纸上。

● "Scale"：当用户选择"Scaled Print"模式时，需要在此处设置比例大小。

4. "Corrections"选项组

选项用于对打印的比例进行修正。

5. "Color Set"选项组

有三种颜色可供用户选择,即"Mono""Color"和"Gray"。

6. "Print"按钮

当完成了页面设置、打印机设置以及预览之后,就可单击"Print"按钮将原理图打印出来。当然,用户还可以通过执行"File"→"Print"命令,或者通过单击工具栏中的 🖨 按钮进行打印。

7. "Preview"按钮

单击该按钮可以进行打印预览。

8. "Printer Setup"按钮

单击该按钮可以对打印机进行设置,如图 4-17 所示。

4.3.2   网络表的生成

网络表用于记录所有元件的数据和元件之间的连接关系。网络表具体分两种,一种是基于整个项目的网络表,另一种是基于单个原理图文件的网络表。

下面以"示例. PrjPCB"为例,分别详细讲述这两种网络表的生成。

1. 基于整个项目的网络表

生成基于整个项目的网络表的具体步骤如下。

1)设置网络表选项

在创建网络表之前,需要先进行网络表选项的设置。首先打开项目文件"示例. PrjPCB",然后打开其中的原理图文件。执行"Project"→"Project Options"命令,打开"Options for PCB Project 示例. PrjPCB"对话框,然后打开"Options"选项卡,如图 4-18 所示。

图 4-17   打印机设置对话框

图 4-18   "Options"选项卡

"Options"选项卡中与网络表有关的各项含义如下。

● "Output Path"文本框:用于设置各种报表的输出路径。系统会根据项目所在的文件夹自动创建一个默认的路径,用户可通过单击右侧的 🖻 图标对默认路径进行修改。

● "Output Options"选项组:用于设置网络表的输出选项。

● "Allow Ports to Name Nets"复选项：将与输入/输出端口相关的网络名用系统产生的网络名来代替。

　　● "Allow Sheet Entries to Name Nets"复选项：将与图纸入口相关的网络名用系统产生的网络名来代替。

　　● "Allow Single Pin Nets"复选项：允许引脚产生的网络单独输出。

　　● "Append Sheet Numbers to Local Nets"复选项：允许系统将图纸编号添加到网络名称中。

　　● "Higher Level Names Take Priority"复选项：产生网络表时，系统利用命令等级决定优先权。

　　● "Power Port Names Take Priority"复选项：产生网络表时，电源端口具有高的优先权。

2）生成项目网络表

执行"Design"→"Netlist For Project"→"Protel"命令，如图4-19所示。

此时，系统就自动生成了该项目的网络表，该网络表在该项目下的"Generated\Netlist Files"文件夹里面，如图4-20所示。

图4-19　生成项目网络表菜单命令

图4-20　"Projects"面板

用户可双击打开该网络表文件，结果如图4-21所示。

网络由两部分组成，一部分是所有元件的信息，另一部分是网络的信息。

所有元件的信息由若干个方括号括起来的小段组成，每个元件的信息为一小段，元件的信息包括元件的标识、封装与型号等。

网络的信息由若干个圆括号括起来的小段组成，每个小段代表一个网络的信息，包括网络名称及网络中所有具有电气连接关系的元件引脚。

2. 基于单个原理图文件的网络表

生成基于单个原理图文件的网络表的具体步骤如下。

（1）打开项目文件"示例.PrjPCB"中的一个原理图文件"示例.SchDoc"。

（2）执行"Design"→"Netlist for Document"→"Protel"命令。此时，系统就自动生成了该单个原理图文件的网络表，该网络表在该项目下的"Generated\Netlist Files"文件夹里面，用户可双击打开该网络表文件。

4.3.3 生成元件报表

元件报表显示了当前项目中用到的所有元件的标识、封装及参考库等信息,能方便用户查看元件信息,同时还便于用户采购元件。

生成元件报表的具体步骤如下。

(1) 在生成元件报表之前,需要对元件报表的选项进行设置。打开项目文件"示例. PrjPCB"中的原理图文件"示例. SchDoc"。执行"Reports"→"Bill of Materials"命令,系统自动弹出如图 4-22 所示的元件报表对话框。

图 4-21 生成项目的网络表   图 4-22 元件报表对话框

在该对话框中,左侧的两个列表框的含义如下。

● "Grouped Columns"列表框:用于设置元件的分类标准。用户可以将"All Columns"列表框中的属性信息拖到该列表框中,然后系统将以该属性信息为准对元件进行分类。

● "All Columns"列表框:有系统提供的所有属性信息,如果用户想要在元件报表中查看元件的某一属性信息,则需勾选该属性。系统默认选中了"Comment""Description""Designator""Footprint""LibRef"及"Quantity"这六项。

在右侧元件列表的每一栏中,都有一个下拉按钮。比如单击"Description"下拉按钮,会显示如图 4-23 所示的信息列表。

用户可以选择下拉列表中的任一项,然后元件列表就会只显示相应的信息。例如,选择"Resistor",结果如图 4-24 所示。

图 4-24 所示对话框下面的一些选项和按钮的含义如下。

● "File Format"下拉列表:用于设置元件报表的文件输出格式。有多种格式可供用户选择,比如 CVS 格式、Excel 格式等等。

● "Add to Project"复选项:如果勾选该复选项,则生成元件报表之后,系统会将元件报表添加到项目中。

● "Open Exported"复选项:如果勾选该复选项,则生成元件报表之后,系统会以响应的应用程序打开。

● "Template"下拉列表:用于设置元件报表的显示模板。用户可以通过单击下拉按钮从以前使用过的模板中挑选,也可以单击 ... 按钮重新选择。

图 4-23　信息列表　　　　　图 4-24　只显示描述信息是"**Resistor**"的元件

● "Relative Path to Template File"复选项：相对路径模板文件。如果模板文件与元件报表在同一个目录下，那么可以通过勾选该复选项进行相对路径搜索。

● "Menu"按钮：单击该按钮，系统会弹出如图4-25所示的快捷菜单。

● "Export"按钮：单击该按钮，可以将生成的元件报表保存到指定的文件夹中。

（2）设置好元件报表的选项后，执行"Menu"→"Report"命令，系统弹出如图 4-26 所示的元件报表预览对话框。

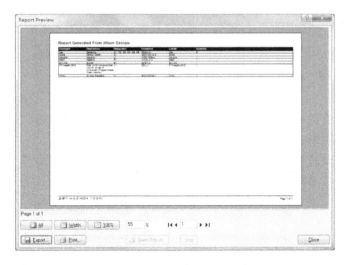

图 4-25　"Menu"快捷菜单　　　　　图 4-26　元件报表预览对话框

单击"Export"按钮，可以保存元件报表，系统自动弹出如图 4-27 所示的"Export Report From Project…"对话框。

保存之后，用户可以单击"Open Report"按钮，打开报表。

单击"Print"按钮，打印元件报表。

此外，系统还为用户提供了简易的元件报表，即不需要设置选项。具体做法是：执行"Report"→"Simple BOM"命令，系统自动在项目中产生"示例.BOM"文件和"示例.CSV"文件，如图 4-28 所示。

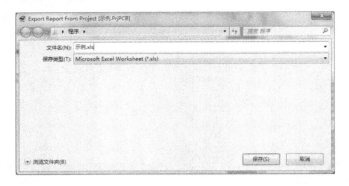

图 4-27 "Export Report From Project…"对话框

图 4-28 简易元件报表

4.4 应用实例

绘制一张 NE555N 构成的开关电源电路原理图,命名为开关电源.Sch,为它添加 PCB 设计规则、生成网络表以及元件报表。

按照第 3 章介绍的绘制简单原理图的方法,绘制如图 4-29 所示的 NE555N 构成的开关电源电路原理图,命名为开关电源.Sch。

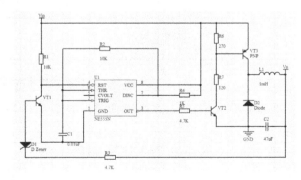

图 4-29 NE555N 构成的开关电源电路原理图

4.4.1 添加 PCB 设计规则

原理图画好之后,可以向其中添加 PCB 设计规则。下面我们以将电感 L1 的走线宽度设置为 20mil 为例，介绍添加 PCB 设计规则的具体操作步骤。

（1）双击电感 L1，系统自动弹出如图 4-30 所示的元件属性对话框。

（2）单击元件属性对话框中的"Add as Rule …"按钮，系统弹出如图 4-31 所示的"Parameter Properties"对话框。

图 4-30 元件属性对话框

图 4-31 "Parameter Properties"对话框

（3）单击"Parameter Properties"对话框中的"Edit Rule Values …"按钮，系统弹出如图 4-32 所示的"Choose Design Rule Type"对话框。

（4）双击"Choose Design Rule Type"对话框中的"Width Constraint"，系统弹出如图 4-33所示的"Edit PCB Rule（From Schematic)-Max-Min Width Rule"对话框。

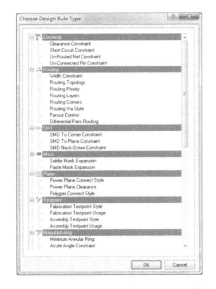

图 4-32 "Choose Design Rule Type"
对话框

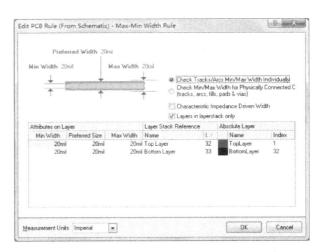

图 4-33 "Edit PCB Rule（From Schematic)-Max-Min
Width Rule"对话框

将图 4-33 所示对话框中的"Min Width""Preferred Width"和"Max Width"这三项都设置为 20mil，单击"OK"按钮即可。

4.4.2 生成网络表

生成网络表的具体步骤如下。

（1）执行"Design"→"Netlist for Document"→"Protel"命令，系统自动生成了网络表，存放在当前项目的 Generated 下的 Netlist Files 文件夹中。

（2）双击"开关电源.NET"文件，即可打开如图 4-34 所示的网络表。

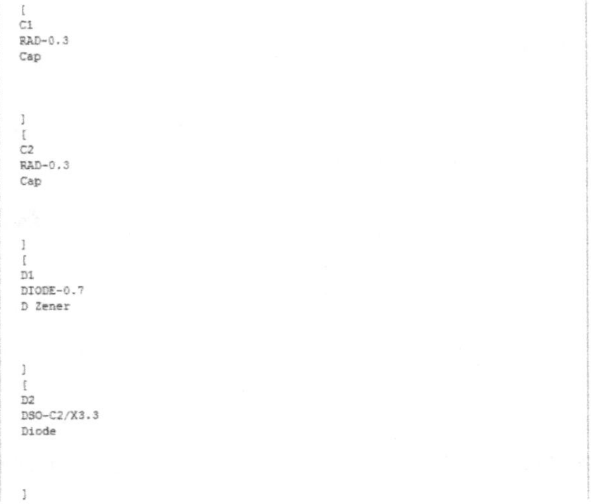

```
[
C1
RAD-0.3
Cap

]
[
C2
RAD-0.3
Cap

]
[
D1
DIODE-0.7
D Zener

]
[
D2
DSO-C2/X3.3
Diode

]
```

图 4-34　生成的网络表（部分）

4.4.3　生成元件报表

生成元件报表的具体步骤如下。

（1）执行"Report"→"Bill of Materials"命令，系统弹出如图 4-35 所示的"Bill of Materials For Project[示例.PrjPCB]…"对话框。

（2）单击"Menu"按钮，弹出"Menu"快捷菜单，执行"Report"命令，弹出如图 4-36 所示的"Report Preview"对话框。

（3）单击"Export"按钮，保存元件报表，"Report Preview"对话框显示内容如图 4-37 所示。

单击"Open Report"按钮可打开元件报表，单击"Print"按钮可打印输出元件报表。

图 4-35　"Bill of Materials For Project[示例.PrjPCB]…"对话框

图 4-36 "Report Preview"对话框

图 4-37 保存元件报表之后的"Report Preview"对话框

图 4-37 保存元件报表之后的"Report Preview"对话框

本 章 小 结

本章主要介绍了原理图的检查及常用报表的生成。常用报表主要包括网络表和元件报表。此外,还简要介绍了如何在原理图中添加 PCB 设计规则。

第5章 元件库的建立

5.1 元件库编辑器界面

Altium Designer Summer 09 具有制作元件和元件库的功能。当用户在库里面找不到需要的元件时,就需要自己制作元件,同时制作自己的元件库会给原理图的绘制带来许多的方便。

执行"File"→"New"→"Library"→"Schematic Library"命令,打开原理图库文件编辑器,如图 5-1 所示。

元件库编辑器界面主要包括菜单栏、工具栏、编辑区及"SCH Library"面板。

"SCH Library"面板是原理图库编辑环境中的专用面板,用来对库文件进行编辑管理,如图 5-2 所示。

图 5-1 打开原理图库文件编辑器的菜单命令　　图 5-2 "SCH Library"面板

"SCH Library"面板主要由"Components"栏、"Aliases"栏、"Pins"栏及"Model"栏组成。

1. "Components"栏

"Components"栏显示了当前原理图库文件中的所有元件。四个按钮的功能如下。

- "Place"按钮:用于将选中的元件放置到原理图中。
- "Add"按钮:用于添加元件到原理图库文件中。
- "Delete"按钮:用于删除选中的元件。
- "Edit"按钮:用于编辑选中元件的属性。

2. "Aliases"栏

"Aliases"栏用于给同一个库元件的原理图符号添加别名。比如有的元件功能、封装等都相同,只是产自不同的厂家,所以型号不一样,但是不用再单独创建一个新的原理图符号,只需要给原有的原理图符号添加一个别名。三个按钮的功能如下。

- "Add"按钮:用于给选中的元件添加别名。

- "Delete"按钮：用于删除选中的别名。
- "Edit"按钮：用于编辑选中别名的属性。

3. "Pins"栏

用户在"Components"栏中选中一个元件后，在"Pins"栏中就会显示该元件的所有引脚信息，比如名称、编号等。三个按钮的功能如下。

- "Add"按钮：给选中的元件添加引脚。
- "Delete"按钮：删除选中的引脚。
- "Edit"按钮：编辑选中引脚的属性。

4. "Model"栏

用户在"Components"栏中选中一个元件后，在"Pins"栏中就会显示该元件的模型信息，比如 PCB 封装、信号完整性分析模型等。三个按钮的功能如下。

- "Add"按钮：给选中的元件添加模型。
- "Delete"按钮：删除选中的模型。
- "Edit"按钮：编辑选中模型的属性。

5.2　元件库编辑环境工具栏

元件库编辑环境工具栏包括主工具栏和常用工具栏。下面将主要介绍模式工具栏、绘图工具栏及 IEEE 工具栏。

1. 模式工具栏

模式工具栏用于设置当前元件的显示模式，如图 5-3 所示。

Mode ▾

图 5-3　模式工具栏

该工具栏各项的含义如下。

- Mode ▾ 按钮：单击该按钮，用户可以选择选中元件的显示模式。
- ✦ 按钮：单击该按钮，用户可以给选中的元件添加一种显示模式。
- ━ 按钮：单击该按钮，用户可以删除选中元件的当前显示模式。
- ◄ 按钮：单击该按钮，用户可以为选中元件切换到前一种显示模式。
- ► 按钮：单击该按钮，用户可以为选中元件切换到后一种显示模式。

2. 绘图工具栏

单击主工具栏中的 ▾ 图标，显示如图 5-4 所示的绘图工具栏。

由于绘图工具栏中这些工具和原理图编辑界面中的工具大部分相同，因此下面仅简要介绍绘图工具栏中各个工具的功能，如表 5-1 所示。

表 5-1　绘图工具栏中各个工具功能的简要介绍

工　具	功　能	工　具	功　能
╱	绘制直线	∩	绘制贝塞尔曲线
⌒	绘制椭圆弧线	⊠	绘制多边形
A	插入文字	▤	插入文本框
▯	创建元件	↪	添加元件子部分
□	绘制矩形	▢	绘制圆角矩形
⬭	绘制椭圆	▨	插入图片
ⅈₒ	放置引脚		

3. IEEE 工具栏

单击主工具栏中的  图标，显示如图 5-5 所示的 IEEE 工具栏。

此外，用户还可以执行"Place"→"IEEE Symbols"命令来放置 IEEE 工具栏中的各种工具，如图 5-6 所示。

图 5-4 绘图工具栏

图 5-5 IEEE 工具栏

图 5-6 IEEE 工具栏中各个工具对应的菜单命令

IEEE 工具栏中的各个工具的功能如表 5-2 所示。

表 5-2 IEEE 工具栏按钮功能

工　具	功　能	工　具	功　能
○	放置点符号	←	放置左右信号流符号
⊵	放置时钟符号	⊣	放置低有效输入符号
⊥	放置模拟信号输入符号	⚹	放置非逻辑连接符号
⌐	放置延迟输出符号	⊻	放置集电极开路符号
▽	放置高阻符号	▷	放置大电流符号
⊓	放置脉冲符号	⊢	放置延时符号
]	放置线组符号	}	放置二进制组符号
⊦	放置低有效输出符号	π	放置 Pi 符号
≥	放置大于等于符号	⊻	放置集电极开路上拉符号
⋄	放置发射极开路符号	⊽	放置发射极开路上拉符号
#	放置数字信号输入符号	▷	放置反相器符号
⊅	放置或门符号	◁▷	放置输入/输出符号
▷	放置与门符号	⊅▷	放置异或门符号
←	放置向左移位符号	≤	放置小于等于符号
Σ	放置 Sigma 符号	⊓	放置施密特电路符号
→	放置向右移位符号	◇	放置开路输出
▷	放置左右信号流	◁▷	放置双向信号流

5.3 库编辑器工作区参数设置

执行"Tools"→"Document Options"命令,系统弹出如图 5-7 所示的库编辑器工作区对话框。库编辑器工作区对话框的参数含义如下。

1. "Options"选项组

● "Style"下拉列表:用于设置图纸标题栏的格式。有"Standard"和"ANSI"两种格式可供用户选择。

● "Size"下拉列表:用于设置图纸的尺寸。有很多尺寸可供用户选择,包括公制图纸尺寸(A0 至 A4)、英制图纸尺寸(A 至 E)、CAD 标准尺寸(OrCAD A 至 OrCAD E)及其他的格式(Letter、Legal 和 Tabloid)。

● "Orientation"下拉列表:用于设置图纸的方向。有"Landscape"和"Portrait"两种方向可供用户选择。一般在绘图时设置为横向。

● "Show Border"复选项:如果勾选该复选框,则显示图纸边框。

● "Show Hidden Pins"复选项:如果勾选该复选框,则会显示隐藏引脚。

● "Always Show Comment/Designator"复选项:如果勾选该项,则会一直显示注释/标识。

2. "Custom Size"选项组

"Use Custom Size"复选项:如果勾选该复选项,则用户可以自定义图纸的大小,在 X 和 Y 文本框中输入图纸的高度和宽度。

3. "Colors"选项组

单击"Border"项,设置边框的颜色;单击"Workspace"项,设置工作区的颜色。

4. "Grids"选项组

● "Snap"复选项:用于启用捕获栅格。

● "Visible"复选项:用于启用可视栅格。

5. "Library Description"文本框

该文本框用于输入对原理图库文件的描述。

此外,如果用户需要设置其他一些选项,可执行"Tools"→"Schematic Preferences"命令,在弹出的"Preferences"对话框中进行设置,如图 5-8 所示。

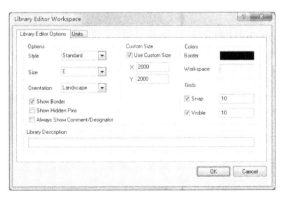

图 5-7 库编辑器工作区对话框

图 5-8 "Preferences"对话框

5.4 绘制库元件

下面以带使能功能的双路 4.0A 高速功率 MOSFET 驱动器 MCP14E4SN 为例,详细介绍如何绘制库元件。

具体步骤如下。

(1) 执行"File"→"New"→"Library"→"Schematic Library"命令,打开原理图库文件编辑器。

(2) 执行"Tools"→"Document Options"命令,在弹出的库编辑器工作区对话框中设置参数。

(3) 为库文件原理图符号命名。在创建了一个原理图库文件的同时,系统已经自动添加了一个原理图符号名,名为"Component-1"。为库文件原理图符号重新命名的方法有两种。

● 单击绘图工具栏中的 ▢ 图标,弹出如图 5-9 所示的"New Component Name"对话框。

● 单击"SCH Library"面板中"Components"中的"Add"按钮,也会弹出如图 5-9 所示的"New Component Name"对话框。

在该对话框中输入 MCP14E4ESN,单击"OK"按钮即可。

图 5-9 "New Component Name"对话框

(4) 单击绘图工具栏中的 ▢ 图标,在编辑窗口的第四象限放置一个矩形。先单击确定矩形的左上角,然后拖动鼠标指针到合适的位置再次单击,确定矩形的右下角,于是整个矩形就放置好了。矩形的大小,由芯片引脚的数量和分布情况决定。用户可以在引脚放置完之后再做调整。

(5) 放置引脚。单击绘图工具栏中的 ⊥ 图标,鼠标指针变为悬浮着引脚的十字光标,将光标移到矩形边框处,单击放置引脚,这样依次完成所有引脚的放置。特别值得注意的是:在放置引脚的时候,引脚带有"×"符号的一端必须朝外,这样才能保持引脚的电气特性。在放置引脚之前,单击 Tab 键,系统弹出如图 5-10 所示的引脚属性对话框。

引脚属性对话框中各项的含义如下。

● "Display Name"区域:用于设置库元件引脚的名称。

● "Designator"区域:用于设置库元件引脚的编号。

● "Electrical Type"下拉列表:用于设置库元件引脚的电气类型。有八种类型可供用户选择,包括:"Input""I/O""Output""Open Collector"及"Passive"等等。

● "Description"文本框:用于添加库元件引脚的描述。

● "Hide"区域:用于设置引脚为隐藏引脚。当勾选该项时,应该在右边的"Connect To"中输入与该引脚相连接的网络名称。

● "Symbols"栏:用于设置引脚的 IEEE 符号。IEEE 符号可放置在原理图符号的内部、内部边沿、外部边沿或者外部这几个不同的地方。

● "VHDL Parameters"栏:用于设置库元件的 VHDL 参数。

● "Graphical"栏:用于设置库元件引脚的位置、长度、方向及颜色。

（6）设置各引脚的参数，设置好之后单击"OK"按钮即可。设置好引脚参数之后的结果如图 5-11 所示。

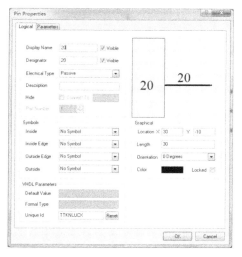

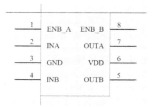

图 5-10　引脚属性对话框　　　　图 5-11　MCP14E4ESN 的原理图符号

（7）编辑元件属性。单击"SCH Library"面板中的"Components"栏中的"MCP14E4ESN"，弹出如图 5-12 所示的库元件属性对话框。

库元件属性对话框中各项的含义如下。

● "Designator"：用于设置库元件的序号。将该项设置为"U?"，并勾选后面的"Visible"复选项。

● "Comment"：用于设置库元件的型号。将该项设置为"MCP14E4ESN"，并勾选后面的"Visible"复选项。

● "Description"：为该库元件添加描述。

● "Type"：用于设置库元件的符号类型。系统默认为"Standard"标准类型。

● "Library Link"：用于设置库元件的标识符。将该项设置为"MCP14E4ESN"。

● "Lock Pins"复选项：用于锁定引脚。勾选该复选项后，所有引脚与库元件变为一个整体，在原理图中，引脚不能单独移动。

● "Show All Pins On Sheet(Even if Hidden)"复选项：用于设置在原理图上显示所有的引脚。

● "Local Colors"复选项：用于设置本地颜色。勾选该复选项后，可以设置文件、线条及引脚的颜色。

● "Parameters for MCP14E4ESN"栏：用于编辑库元件的参数。单击"Add"按钮，可以为库元件添加新的参数。

● "Models for MCP14E4ESN"栏：用于编辑库元件的模型。单击"Add"按钮，可以为库元件添加新的模型。

● "Edit"按钮：单击该按钮，系统弹出如图 5-13 所示的元件引脚编辑器。

在元件引脚编辑器对话框中，用户可以对库元件的所有引脚进行编辑。设置完成后，单击"OK"按钮即可。

（8）保存该"SchLib1. SchLib"文件。执行"File"→" Save As"命令，将该"SchLib1. SchLib"文件保存到当前项目所在的路径下，单击"OK"按钮即可。然后回到原理图界面，在

"Library"面板的已加载的库中就会有该库文件。用户也可以在保存的时候为该库文件重命名。

图 5-12　库元件属性对话框

图 5-13　元件引脚编辑器

 5.5　生成元件库报表

元件报表有三种类型，包括库元件报表、元件库报表以及元件库规则检查报表。

1. 库元件报表

库元件报表是用于显示元件库中所有元件的相关信息，扩展名为".Cmp"。执行"Reports"→"Component"命令，就可以生成库元件报表，如图 5-14 所示。

```
Component Name : MCP14E4ESN

Part Count : 2

Part : U?
        Pins - (Normal) : 0
            Hidden Pins :

Part : U?
        Pins - (Normal) : 8
            ENB_B        8            Passive
            OUTA         7            Passive
            VDD          6            Passive
            OUTB         5            Passive
            ENB_A        1            Passive
            INA          2            Passive
            GND          3            Passive
            INB          4            Passive
            Hidden Pins :
```

图 5-14　库元件报表

2. 元件库报表

元件库报表用于显示元件库中所有元件的名称和描述，扩展名为".Rep"。执行"Reports"→"Library List"命令，生成元件库报表，如图 5-15 所示。

```
CSV text has been written to file : Schlib1.csv

Library Component Count : 2

Name                 Description
--------------------------------------------------------------------

Component_1
MCP14E4ESN
```

图 5-15　元件库报表

3. 元件库规则检查报表

元件库规则检查用于校验元件库中的元件,检查元件是否有错,并列出错误的元件,表明错误原因等。执行"Tools"→"Component Rule Check"命令,系统自动弹出如图5-16所示的"Library Component Rule Check"对话框。

图 5-16 "Library ComponentRule Check"对话框

在"Library Component Rule Check"对话框中,用户可以设置元件库规则检查的属性。该对话框中各项的含义如下。

1)"Duplicate"选项组

● "Component Names"复选项:用于检查元件库中的元件是否重命名。

● "Pins"复选项:用于检查元件中元件的引脚是否重命名。

2)"Missing"选项组

● "Description"复选项:用于检查元件库中元件的描述是否遗漏。

● "Pin Name"复选项:用于检查元件库中元件的引脚名称是否遗漏。

● "Footprint"复选项:用于检查元件库中元件的封装是否遗漏。

● "Pin Number"复选项:用于检查元件库中元件的引脚编号是否遗漏。

● "Default Designator"复选项:用于检查元件库中元件的默认序号是否遗漏。

● "Missing Pins in Sequence"复选项:用于检查元件库中元件的丢失引脚顺序是否遗漏。

本 章 小 结

本章主要介绍了如何建立元件库,简要介绍了元件库编辑器的界面、工具栏及工作区参数如何设置,详细介绍了绘制元件库的步骤,最后介绍了几种元件库报表的生成。

第6章 层次式电路原理图的设计

6.1 层次式电路原理图的概念

在前面的章节中,我们学习了简单电路原理图的绘制,将整个项目的电路绘制在一张图纸上。这种方法适用于整个系统电路比较简单的情况,而在系统电路很复杂,一张图纸画不下或者即使画下了也不便于阅读分析的情况下,我们就应该采用层次式电路原理图的做法。

层次式电路原理图的设计是将整个系统分为几个相对独立的模块,每个模块完成相对独立的功能。这样,不同的模块可以由不同的设计者绘制在不同的图纸上,便于多人共同参与设计,并且电路结构也很清晰。

层次电路图按电路的功能区分,其中的方块图代表某个特定的功能,类似于自定的元件,一个简单两层的层次电路示意图如图 6-1 所示。此电路是 Altium Designer 系统提供的例子,电路原理图在 Altium Designer 目录下的 4 Port Serial Interface 中,读者可以查阅参考。三层、四层甚至多层电路原理图的设计方法与两层电路原理图的设计方法类似。

主电路表示的是电路方块图之间的连接特性。顶层电路图是 4 串口电路,如图 6-2 所示。

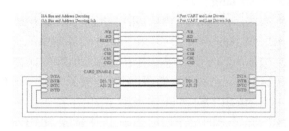

图 6-1 简单两层的层次电路示意图　　　　　图 6-2　顶层电路图

顶层电路包含两个底层电路,即 ISA 总线和地址电路(见图 6-3)和四个接口的 UART 电路(见图 6-4)。

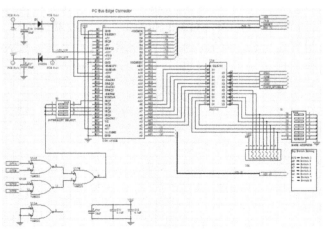

图 6-3　ISA 总线和地址电路

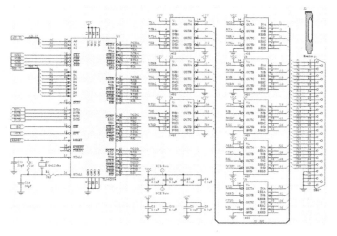

图 6-4　四个接口的 UART 电路

从电路图中可见,电路方块图、方块图接口、电路输入/输出接口是层次电路图的重要组成部分。

 ## 6.2　层次式电路原理图的组件

电路方块图、方块图接口、电路 I/O 是层次原理图的基本组件,它们的关系如图 6-5 所示。

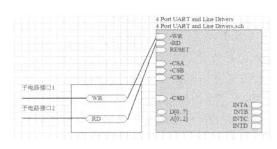

图 6-5　电路方块图、方块图接口、电路 I/O 之间的关系图

下面我们详细介绍层次式电路原理图的这几种组件。

6.2.1　方块电路

每个方块电路都有其特定的子图,它相当于封装了子图中的所有电路,从而将一张原理图简化为一个符号,方块电路是层次原理图所特有的组件。

在本章电路中,主电路由两个电路方块图构成,它们之间利用相同的网络名来实现电气连接。

放置电路方块图的方法有如下三种:①单击电路图工具栏中的 ▦ 图标;②执行"Place"→"Sheet Symbol"命令;③按快捷键 P+W。

执行上述操作后,鼠标指针变为悬浮着矩形、绿色的方块图标志的十字光标,如图 6-6 所示。在图纸上单击,确定了电路方块图的左上角,拖动鼠标指针到合适的位置,再单击,确定了电路方块图的右下角,这样整个电路方块图就确定了,如图 6-7 所示。依次可放置下一个电路方块图,右击,退出当前放置电路方块图的状态。

双击电路方块图,或者在电路方块图处于放置状态时按 Tab 键,系统会弹出属性对话框,如图 6-8 所示。

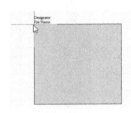

图 6-6　放置电路方块图状态

图 6-7　放置好的电路方块图

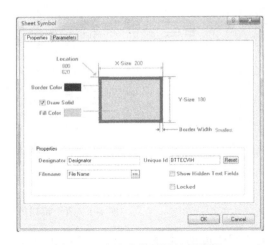

图 6-8　电路方块图属性对话框

电路方块图属性对话框中各项的含义如下。

- Location:用于设置电路方块图的位置,包括电路方块图左上角顶点的 X 坐标和 Y 坐标。
- X-Size:用于设置电路方块图的长度。
- Y-Size:用于设置电路方块图的宽度。
- Border Color:用于设置电路方块图的边界颜色。
- Fill Color:用言语设置电路方块图的填充颜色。
- Border Width:用于设置电路方块图的边界宽度。
- Designator:用于输入电路方块图的标识。
- Unique Id:用于输入电路方块图的唯一 ID。
- Filename:用于输入电路方块图所代表的下层子原理图的文件名。
- Show Hidden Text Fields:用于设置是否显示电路方块图隐藏的文本域。
- 在图 6-8 所示的对话框中打开"Parameters"选项卡,如图 6-9 所示。

在"Parameters"选项卡中,可以添加、删除或者编辑电路方块图的其他参数。单击"Add"按钮,系统弹出如图 6-10 所示的参数属性对话框。

图 6-9　"Parameters"选项卡

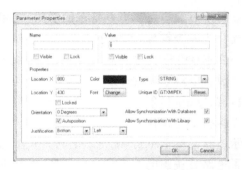

图 6-10　"Parameter Properties"对话框

在"Parameter Properties"对话框中,可以设置添加参数的名称、数值等属性。用户根据需求设置好之后,单击"OK"按钮即可。

6.2.2 方块电路端口

方块电路端口是方块电路所代表的下层子图与其他电路连接的端口。通常情况下,方块电路端口与和它同名的下层子图的I/O端口相连。

放置电路方块图的I/O接口有如下三种方法:①单击布线工具栏中的 图标;②执行"Place"→"Add Sheet Entry"命令;③按快捷键P+A。

执行上述操作后,鼠标指针变为十字光标,将十字光标移到电路方块图中,鼠标变为悬浮着菱形的十字光标,如图6-11所示。在合适的位置单击,就完成了电路方块图I/O接口的放置,如图6-12所示。依次可放置下一个电路方块图,右击,退出当前放置电路方块图的状态。

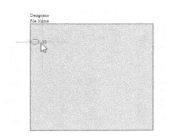

图6-11 放置方块电路端口状态

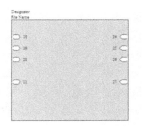

图6-12 放置好的方块电路端口

双击方块电路端口,或者在方块电路端口处于放置状态时按Tab键,系统会弹出如图6-13所示的属性对话框。

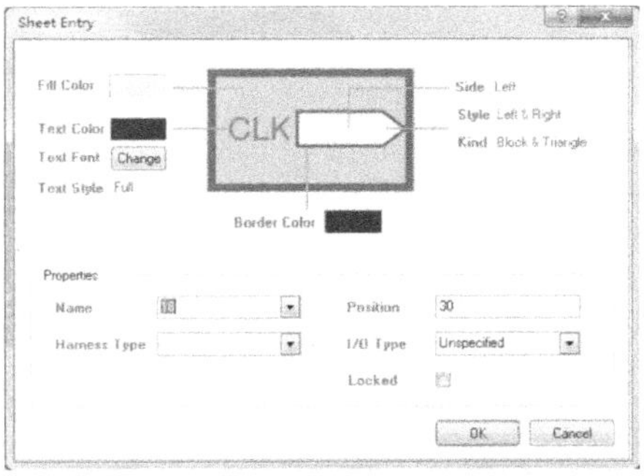

方块电路端口属性对话框中各项的含义如下。

● Fill Color:用于设置I/O接口的填充颜色。

● Text Color:用于设置I/O接口的文本颜色。

● Border Color:用于设置I/O接口的边界颜色。

● Text Font:用于设置I/O接口的文本字体,单击右侧的"Change"按钮可更改字体。

● Text Style:用于设置I/O接口的文本类型。

● Side:用于设置I/O接口放置的方位,包括左、右、顶和底。

图6-13 方块电路端口属性对话框

● Style:用于设置I/O接口的图示类型,可在下拉列表中选择。

● Kind:用于设置I/O接口的种类,可在下拉列表中选择。

● Name:用于设置端口名称。

● Position:I/O接口的位置。

● Harness Type:I/O接口的线束类型。

● I/O Type:用于设置端口的类型,包括Unspecified(未指定)、Output(输出)、Input(输入)以及Bidirectional(双向)四种类型。

6.2.3 I/O端口

I/O端口虽然不是层次原理图所特有的,但是它也是层次原理图不可或缺的重要部件。

电路与电路之间除了利用导线连接之外,还可以利用 I/O 端口来连接,相同的 I/O 端口之间具有电气连接的特性。

放置输入/输出端口有如下三种方法:①单击布线工具栏中的 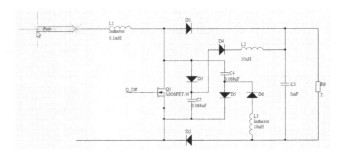 图标;②执行"Place"→"Port"命令;③按快捷键 P+R。

执行上述操作后,鼠标指针变为悬浮着输入/输出端口的十字光标,如图 6-14 所示。将鼠标指针移到原理图上合适的位置,单击,输入/输出端口的左端就确定了,然后移动鼠标指针可以调整输入/输出端口的大小,将鼠标指针移到合适的位置后单击,这样整个输入/输出端口就放置好了,如图 6-15 所示。

图 6-14　放置输入/输出端口状态

双击输入/输出端口,或者在输入/输出端口处于放置状态时按 Tab 键,系统会弹出如图 6-16 所示的属性对话框。

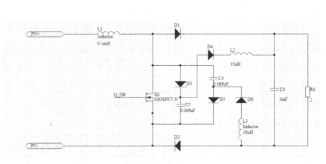

图 6-15　放置好的输入/输出端口

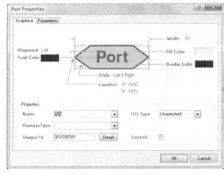

图 6-16　输入/输出端口属性对话框

输入/输出端口属性对话框中各项的含义如下。

- Alignment:用于设置输入/输出端口名称的位置。
- Text Color:用于设置输入/输出端口文本的颜色。
- Width:用于设置输入/输出端口的宽度。
- Fill Color:用于设置输入/输出端口的填充颜色。
- Border Color:用于设置输入/输出端口的边界颜色。
- Style:用于设置输入/输出端口的类型。
- Location:用于设置输入/输出端口的位置,包括左端点的 X 坐标和 Y 坐标。
- Name:用于设置输入/输出端口的名称。
- I/O Type:用于设置输入/输出端口的 I/O 类型,包括未指定、输出、输入及双向四种类型。

- Harness Type：输入/输出端口的线束类型。
- Unique Id：输入/输出端口的唯一 ID。

打开图 6-16 所示对话框中的"Parameters"选项卡，其中各项含义与前面介绍的一致，这里不再赘述。

6.3 层次式电路原理图的设计方法

层次式电路原理图的设计理念实际上是一种将总体电路模块化的方法，设计者要将设计的系统分割为多个模块，每个模块具有相对独立的功能，设计好各个基本模块之后，然后再确定各个基本模块之间的连接关系，即可开始层次电路图的设计。

层次式电路原理图的设计方法有两种，一种是自上而下的方法，另一种是自下而上的方法。下面分别详细介绍这两种方法。

6.3.1 自上而下的设计方法

自上而下的设计方法是先在顶层设计好电路方块图，然后再从电路方块图开始设计下层电路的方法。

下面以"4 Port Serial Interface"电路设计为例，详细介绍自上而下设计方法。

（1）根据前面章节介绍的知识，新建系统及电路原理图文档，对图纸进行设置，然后添加需要的元件库。

（2）放置电路方块图，对电路方块图的属性进行设置。

（3）放置电路方块图接口，对电路方块图接口的属性进行设置。

（4）连接电路。在设置好电路方块图和电路方块图接口之后，将顶层电路中具有连接关系的接口用导线或者总线连接起来，绘制好的顶层电路如图 6-17 所示。

（5）在顶层电路设计界面中，执行"Design"→"Creat Sheet From Sheet Symbol"命令，鼠标指针变为十字光标，将光标移动到电路方块图上，单击，系统自动在当前项目下生成了电路方块图对应的原理图文件，且原理图的左下角自动放置了与电路方块图接口同名的电路 I/O 接口，如图 6-18 所示。

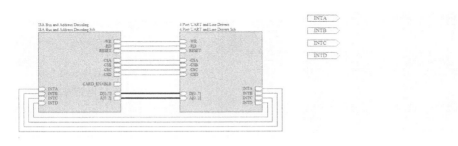

图 6-17　绘制好的顶层电路　　　　图 6-18　与电路方块图接口同名的电路 I/O 接口

（6）绘制电路原理图。对照图 6-3，完成 4 Port UART and Line Drivers. Sch 原理图的设计，同理对照图 6-4，完成 ISA Bus and Address Decoding. Sch 电路原理图的设计。

（7）对顶层电路和底层电路原理图进行编译，检查无误后，保存文件，完成自上而下层次式电路原理图的设计。

6.3.2 自下而上的设计方法

自下而上的设计方法是先绘制好底层电路原理图,根据底层电路原理图生成电路方块图,从而生成顶层电路图。

下面仍以"4 Port Serial Interface"电路设计为例,详细介绍自下而上设计方法。

(1)绘制底层电路原理图并新建一个顶层电路原理图文件。对照图 6-3,完成 4 Port UART and Line Drivers. Sch 原理图的设计,同理对照图 6-4,完成 ISA Bus and Address Decoding. Sch 电路原理图的设计。

(2)在顶层电路设计界面中,执行"Design"→"Creat Sheet Symbol From Sheet or HDL"命令,系统弹出如图 6-19 所示的选择电路原理图对话框,该对话框用于指定产生电路方块图的底层电路原理图。

(3)选定 4 Port UART and Line Drivers(2). Sch,单击"OK"按钮,则在顶层电路图中产生了一个电路方块图,且在方块图中自动放置了方块图接口,同理产生 ISA Bus and Address Decoding(2). Sch 的电路方块图,分别如图 6-20 和图 6-21 所示。

(4)顶层电路连线。将所有电路方块图和元件连线,完成顶层电路的设计,如图 6-22 所示。

图 6-19 选择电路原理图对话框

图 6-20 4 Port UART and Line Drivers 的电路方块图

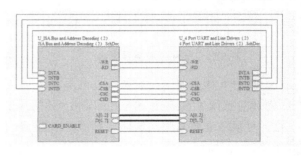

图 6-21 ISA Bus and Address Decoding 的电路方块图

图 6-22 绘制好的顶层电路图

72

自上而下的设计方法要求设计者在绘制电路原理图之前对系统的组成结构有深入的了解，并且能对电路进行模块划分；而自下而上的设计方法适用于对整个系统结构不是很了解的用户，用户可根据实际情况选择以上两种方式中的一种。

 ## 6.4　各层次式电路原理图间的切换

在同时调用或是编辑层次电路原理图时，不同层次电路图之间的切换是必不可少的。下面以"4 Port Serial Interface"电路为例，详细介绍各层次式电路原理图之间的切换。

1．由顶层电路方块图切换到子原理图

由顶层电路方块图切换到子原理图的详细步骤如下。

● 打开顶层原理图"母图（2）.SchDoc"，执行"Tools"→"Up/Down Hierarchy"命令或者单击标准工具栏中 图标，鼠标指针变为十字光标，拖动十字光标到需要切换的电路方块图的某个输入/输出端口上。例如，我们要查看子原理图"ISA Bus and Address Decoding（2）.SchDoc"，将十字光标移动到电路方块图"ISA Bus and Address Decoding（2）"的一个端口"-WR"上。

● 单击，就可以切换到子原理图，并且具有相同名称的端口"-WR"处于高亮状态，如图6-23所示。

● 右击，即可退出层次原理图间的切换模式。

2．由子原理图切换到顶层电路方块图

由子原理图切换到顶层电路方块图的详细步骤如下。

● 打开子原理图"ISA Bus and Address Decoding（2）.SchDoc"，执行"Tools"→"Up/Down Hierarchy"命令或者单击标准工具栏中 图标，鼠标指针变为十字光标，拖动十字光标到该子图的某个输入/输出端口上，比如我们选择"-WR"端口。

● 单击，就可以切换到顶层电路方块图，并且具有相同名称的端口"-WR"处于高亮状态，如图6-24所示。

图6-23　切换到对应的子原理图　　　图6-24　切换到顶层电路方块图

● 右击，即可退出层次原理图间的切换模式。

 ## 6.5　层次式电路原理图的报表生成

当设计的层次式电路原理图的层次较多、结构比较复杂的时候，用户不易看懂原理图。

因此系统提供了层次设计表,用户利用层次设计表可以清晰地看到层次式电路原理图的层次关系,有助于用户对层次式电路原理图的理解。

生成层次设计表的具体步骤如下。

(1) 打开本章已经绘制的层次原理图,如图 6-2 所示。

(2) 执行"Reports"→"Report Project Hierarchy"命令,系统将会自动生成该原理图的层次设计表。

(3) 层次设计表被放置在当前项目下的"Generated\Text Documents\"文件夹中,它的后缀为".REP",与项目文件同名。双击层次设计表文件,可打开生成的层次设计表,如图 6-25 所示。

图 6-25 层次设计表

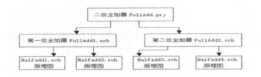

图 6-26 二位全加器层次关系图

由图 6-26 可见,在层次设计表中列出了当前项目中各个原理图之间的层次关系,方便用户查看。此外,原理图文件名的缩进越少,说明该原理图在层次式原理图中的层次越高。

 ## 6.6 综合实例

运用自上而下的层次电路设计方法,绘制一张二位全加器层次电路图。

通过分析,二位全加器层次电路图由七张电路图组成,构成的三层关系如图 6-27 所示。二位全加器 FullAdd.prj 为根图,全加器第一位 FullAdd1.sch 和全加器第二位 FullAdd2.sch 为第一层子图,Halfadd1.sch、Halfadd2.sch、Halfadd3.sch、Halfadd4.sch 为第二层子图。

具体步骤如下。

(1) 新建项目文件,命名为"二位全加器.PrjPCB"并保存。新建原理图文件,命名为"二位全加器 FullAdd.SchDoc"并保存。

(2) 单击工具栏中的 图标或执行"Place"→"Sheet Symbol"命令,绘制两个子电路图符号,分别命名为 FullAdd1、FullAdd2,如图 6-27 所示。

图 6-27 FullAdd1.sch、FullAdd2.sch 子电路图

(3) 单击工具栏中的 图标或执行"Place"→"Add Sheet Entry"命令,放置电路方块图端口。首先放置一个八口的连接器 JP,然后放置相关电气连接线和相关网络标号 A1、B1、C-IN、Y1、A2、B2、Y2、C-OUT,二位全加器根图"FullAdd.SchDoc"设计完成,如图 6-28 所示。

(4) 执行"Design"→"Create Sheet From Sheet Symbol"命令,如图 6-29 所示,当鼠标指

针变成十字光标时,移动光标到 FullAdd1 方块电路上,单击,出现如图 6-30 所示的
FullAdd1.sch 原理图编辑界面。

图 6-28　二位全加器根图　　　图 6-29　Design 菜单选项　　图 6-30　FullAdd1.sch 编辑界面

（5）在原理图 FullAdd1.sch 中放置两个子图 Halfadd1.sch 和 Halfadd2.sch,同时放置对应电路方块图的输入端口 M1、N1、X1、E1 和输出端口 Z1,如图 6-31 所示。

（6）放置元件 74F08 和 74LS32 构成外围电路,连接电路,将电路图下方五个端口移到对应处,完成后的电路图如图 6-32 所示。

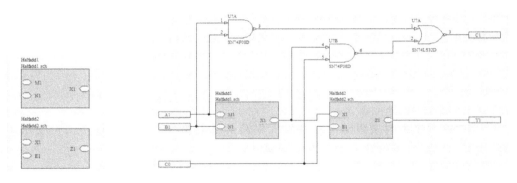

图 6-31　Halfadd1.sch、Halfadd2.sch　　　图 6-32　FullAdd1.sch 子电路图
　　　　　子电路图

（7）重复上述操作,可完成整个原理图的绘制,请读者自己试着完成。

本 章 小 结

本章从简单实例入手,介绍了层次式电路原理图的概念、组件及设计方法。层次式电路原理图的组件包括方块电路、方块电路端口及 I/O 端口。以两层电路设计为例,讲述了层次式电路原理图的自上而下和自下而上的设计方法,最后介绍了各层次式电路原理图间的切换和层次式电路原理图的报表生成。

第7章 电路原理图工程设计实例

7.1 I/V 变换信号调理电路的原理图

本节讲述如何利用前面章节讲述的基础知识来设计 I/V 变换信号调理电路的原理图。

7.1.1 I/V 变换信号调理电路的原理图

I/V 变换信号调理电路是将电流和电压相互转换的电路,一个将电流信号转换为 A/D 所需要的电压信号的调理电路如图 7-1 所示。

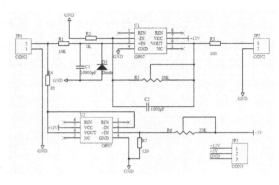

图 7-1　I/V 变换信号调理电路

该电路主要由射极跟随电路和放大电路两部分组成。该电路原理图主要由运算放大器、电阻、电容、二极管及滑动变阻器等组成。

7.1.2 新建原理图设计文档

(1) 执行"File"→"New"→"PCB Project"命令,新建项目文件,然后将鼠标指针移到"Project"面板的项目文件处,右击,选择"Save Project As"命令,保存新建的项目文件,并命名为"信号调理电路.PrjPCB"。

(2) 执行"File"→"New"→"Schematic"命令,新建原理图文件,然后右击,选择"Save As"命令,保存新建的原理图文件,并命名为"信号调理电路.SchDoc"。

7.1.3 原理图图纸设置

执行"Design"→"Document Options"命令,系统弹出如图 7-2 所示的"Document Options"对话框。

用户可根据实际需要在"Document Options"对话框中设置原理图绘图时的工作环境。

图 7-2　"Document Options"对话框

7.1.4　新建元件库

由于有的元件在 Altium Designer 提供的
库中找不到，所以就需要用户根据实际需求建立自己的元件库。

（1）执行"File"→"New"→"Library"→"Schematic Library"命令，新建原理图库文件，然后右击，选择"Save As"命令，保存新建的原理图库文件到当前项目所在的路径下，并命名为"信号调理电路.SchLib"。

（2）执行"Tools"→"Document Options"命令，在弹出的库编辑器工作区对话框中设置参数。

7.1.5　新建元件

元件库建立好之后，就可以绘制元件了。在图 7-1 所示的 I/V 变换信号调理电路的原理图中，与平常形状不一样的元件 OP07 在库中找不到，因此需要自己动手绘制。

绘制元件的具体步骤如下。

（1）为库文件原理图符号命名。在创建了一个原理图库文件的同时，系统已经自动添加了一个原理图符号名，名为"Component-1"。单击绘图工具栏中的 图标，弹出如图 7-3 所示的"New Component Name"对话框。

图 7-3　"New Component Name"对话框

在"New Component Name"对话框中输入"OP07"，单击"OK"按钮即可。

（2）单击绘图工具栏中的 图标，在编辑窗口的第四象限放置一个矩形。先单击，确定矩形的左上角，然后移动鼠标指针到合适的位置，再单击，确定矩形的右下角，于是整个矩形就放置好了。矩形的大小，由芯片引脚的数量和分布情况决定。用户可以在引脚放置完之后再做调整。

（3）放置引脚。单击绘图工具栏中的 图标，鼠标指针变为悬浮着引脚的十字光标，将光标移到矩形边框处，单击，放置引脚，这样依次完成所有引脚的放置。特别值得注意的是：在放置引脚的时候，引脚带有"×"符号的一端必须朝外，这样才能保持引脚的电气特性。当引脚处于放置状态时，按 Tab 键，系统弹出如图 7-4 所示的引脚属性对话框。

（4）对各引脚的参数进行设置，设置好后单击"OK"按钮即可。设置好引脚参数之后的结果如图 7-5 所示。

（5）编辑元件属性。单击"SCH Library"面板中的"Components"栏中的"OP07"，弹出如图 7-6 所示的库元件属性对话框。

在库元件属性对话框中，将"Designator"项设置为"U?"，"Comment"项设置为"OP07"，将"Library Link"项设置为"OP07"，对于其他项，用户可根据实际需要进行设置。设置完成后，单击"OK"按钮即可。

回到原理图编辑界面，在"Libraries"面板的已加载的库中就会有该库文件。

图 7-4　引脚属性对话框　　　　　图 7-5　OP07 的原理图符号

7.1.6　放置元件和元件布局

在放置元件之前，需要添加元件库。在 I/V 变换信号调理电路中，需要的元件库除了系统默认的基本元件库"Miscellaneous Devices. lib"和"Miscellaneous Connectors. lib"之外，就是我们在 7.1.5 小节中制作的元件库了，因此这里不需要添加其他的元件库。

下面开始放置元件。在"Libraries"面板的已加载的库中选择自己制作的库"信号调理电路. SchLib"，如图 7-7 所示。

图 7-6　库元件属性对话框　　　　　图 7-7　"Libraries"面板

选中"信号调理电路.SchLib"库中的 OP07 元件,单击"Place"按钮,鼠标指针变为悬浮着 OP07 的十字光标,如图 7-8 所示,在原理图上合适的位置单击,放置元件,连续放置两个 OP07。放置完成后右击,退出放置状态。

接下来依照前面章节讲述的方法和步骤依次放置电阻、电容、二极管等元件。将所有的元件放置在原理图上之后,根据设计的需要适当调整各元件的位置,单击要移动的元件并且按住鼠标左键不放,就可以移动元件,元件布局后如图 7-9 所示。

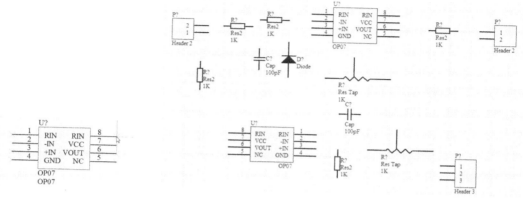

图 7-8　处于放置状态的 OP07　　　　图 7-9　布局后的元件

7.1.7　元件标号

元件放置好之后,就需要设置元件的参数。以电阻为例,在原理图中双击电阻,系统弹出如图 7-10 所示的电阻属性对话框。

在电阻属性对话框中设置电阻的阻值、给电阻标号。给元件标号还有另外一种方法,就是采用系统提供的自动标号功能对元件标号,执行"Tools"→"Annotate Schematics"命令,系统弹出如图 7-11 所示的对话框,在该对话框中选择需要进行标号的元件及元件标号的顺序,然后单击"OK"按钮即可。设置好的结果如图 7-12 所示。

图 7-10　电阻属性对话框

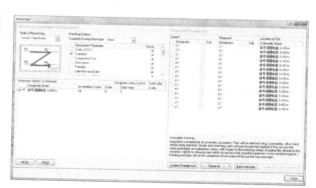

图 7-11　"Annotate"对话框

7.1.8　原理图连接

完成上述步骤之后,就需要将原理图中的元件连接起来。单击布线工具栏中的 ≋ 图标或者执行"Place"→"Wire"命令开始布线。布线完成后的电路原理图如图 7-13 所示。

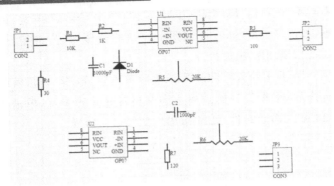

图 7-12　标号后的元件

　　布线完成后,还要放置电源和地。单击布线工具栏中的 图标,按 Tab 键,系统弹出如图 7-14 所示的对话框。

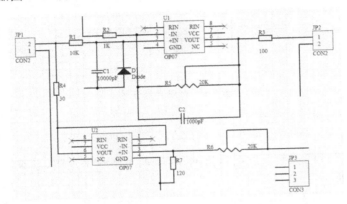

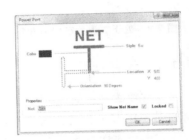

图 7-13　布线完成后的电路原理图　　　　　　图 7-14　"Power Port"对话框

　　在"Power Port"对话框中的"Net"栏中分别输入＋12V 和＋5V,分别放置＋12V 和＋5V 的电源。然后将该对话框中的"Style"栏设置为"Arrow",在"Net"栏中输入 GND,完成地的放置。放置好电源和地的电路原理图如图 7-15 所示。

　　最后还需要放置网络标号。在放置网络标号之前,先将插座的管脚用导线延长。单击布线工具栏中的 图标,按 Tab 键,系统弹出如图 7-16 所示的对话框。

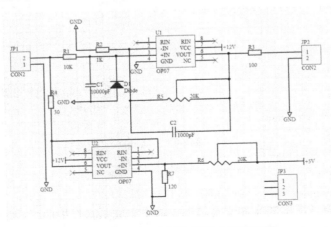

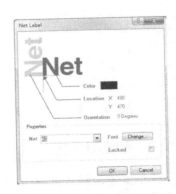

图 7-15　放置好电源和地的电路原理图　　　　　图 7-16　"Net Lable"对话框

在"Net Lable"对话框中,在"Net"栏中分别输入＋12V、＋5V 和 GND,放置网络标号。绘制完成后的结果如图 7-17 所示。

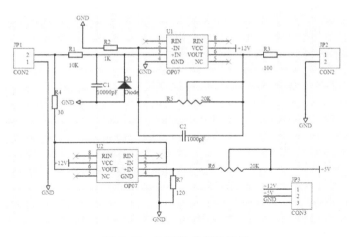

图 7-17 绘制完成后的结果

7.1.9 原理图的编译

在编译之前,需要设置编译的参数。执行"Project"→"Project Options"命令,系统弹出如图 7-18 所示的项目属性对话框。

在"Error Reporting"选项卡中列出了网络构成、原理图层次、设计错误类型等报告信息。在"Connection Matrix"选项卡中,矩阵的行和列所对应的元件引脚或端口等相交的点为元素,单击元素颜色,可以设置错误的等级。用户可以根据实际的需要对编译参数进行设置。

设置好原理图中的各种电气错误的等级之后,就可以对原理图进行编译了。执行"Project"→"Compile Document 信号调理电路.SchDoc"命令,就可以进行文件的编译。文件编译之后,在"Messages"面板中会显示系统的检测结果。

单击工作窗口右下角的"System",然后在弹出的标签中选择"Message"项,打开"Messages"面板,如图 7-19 所示。

图 7-18 项目属性对话框

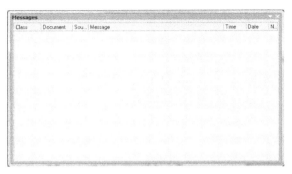

图 7-19 "Messages"面板

可见,"Messages"面板中没有错误信息,因此编译成功。

7.2 小型调频发射机电路原理图

本节讲述如何利用前面章节讲述的基础知识来设计小型调频发射机电路原理图。

7.2.1 小型调频发射机电路原理图

小型调频发射机电路原理图如图 7-20 所示。

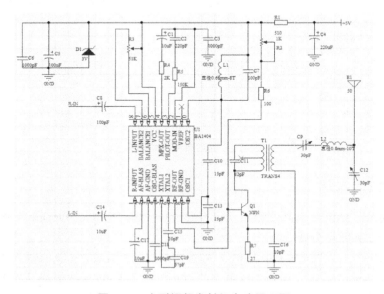

图 7-20 小型调频发射机电路原理图

该电路原理图主要由 BA1404 芯片、电阻、电容、电感、音频变压器、三极管等组成。

7.2.2 在已建立的元件库中绘制元件

（1）执行"File"→"New"→"PCB Project"命令，新建项目文件，然后将鼠标指针移到"Project"面板的项目文件处，右击，选择"Save Project As"命令，保存新建的项目文件，并命名为"小型调频发射机电路.PrjPCB"。

（2）执行"File"→"New"→"Schematic"命令，新建原理图文件，然后右击，选择"Save As"命令，保存新建的原理图文件，并命名为"小型调频发射机电路.SchDoc"。

（3）原理图图纸设置。执行"Design"→"Document Options"命令，系统弹出如图 7-21 所示的"Document Options"对话框。

用户可根据实际需要在该对话框中设置原理图绘图时的工作环境。

（4）执行"File"→"New"→"Library"→"Schematic Library"命令，新建原理图库文件，然后右击，选择"Save As"命令，保存新建的原理图库文件到当前项目所在的路径下，并命名为"小型调频发射机电路.SchLib"。

（5）在图 7-20 所示的小型调频发射机电路原理图中，BA1404 芯片和 TRANS4 在库中找不到，因此需要自己动手绘制。首先绘制 BA1404 芯片的原理图符号，绘制元件的具体步骤如下。

● 为库文件原理图符号命名。单击绘图工具栏中的 🖳 图标，弹出如图 7-22 所示的"New Component Name"对话框。

在"New Component Name"对话框中输入"BA1404",单击"OK"按钮即可。

● 单击绘图工具栏中的 ▢ 图标,在编辑窗口的第四象限放置一个矩形。先单击,确定矩形的左上角,然后移动鼠标指针到合适的位置,再单击,确定矩形的右下角,于是整个矩形就放置好了。矩形的大小,由芯片引脚的数量和分布情况决定。用户可以在引脚放置完之后再做调整。

● 放置引脚。单击绘图工具栏中的 ⅰ₀ 图标,鼠标指针变为悬浮着引脚的十字光标,将光标移到矩形边框处,单击,放置引脚,这样依次完成所有引脚(包括隐藏引脚)的放置。当引脚处于放置状态时,按 Tab 键,系统弹出引脚属性对话框,对各引脚的参数进行设置,设置好之后单击"OK"按钮即可。设置好引脚参数之后的结果如图 7-23 所示。

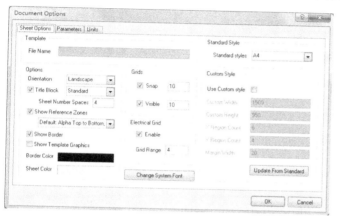

图 7-21　"Document Options"对话框

图 7-22　"New Component Name"对话框

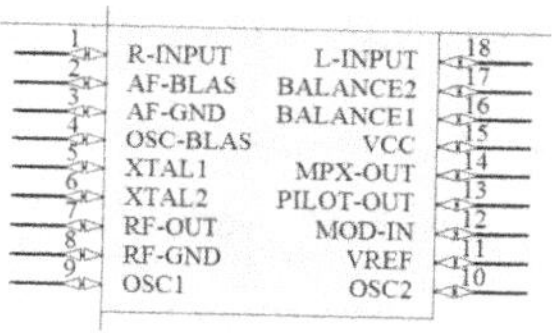

图 7-23　BA1404 的原理图符号

● 编辑元件属性。单击"SCH Library"面板中的"Components"栏中的"BA1404",弹出如图 7-24 所示的库元件属性对话框。

在库元件属性对话框中,将"Designator"项设置为"U?","Comment"项设置为"BA1404",将"Library Link"项设置为"BA1404",对于其他项,用户可根据实际需要进行设置。设置完成后,单击"OK"按钮即可。

接下来绘制 TRANS4 音频变压器的原理图符号。绘制元件的具体步骤如下。

● 为库文件原理图符号命名。单击绘图工具栏中的 ▯ 图标,弹出如图 7-25 所示的"New Component Name"对话框。

在"New Component Name"对话框中输入"TRANS4",单击"OK"按钮即可。

● 绘制圆弧。执行"Place"→"Arc"菜单命令,按 Tab 键,弹出圆弧属性对话框,设置如图 7-26 所示。放置好一个圆弧后,对圆弧进行复制、粘贴操作,依次放置其他半圆弧,形成变压器的一次绕组,然后再复制、粘贴绘制好变压器的二次绕组。绘制好的绕组如图 7-27 所示。

● 放置引脚。绘制完成的 TRANS4 的原理图符号如图 7-28 所示。

● 编辑元件属性。单击"SCH Library"面板中的"Components"栏中的"TRANS4",弹出如图 7-29 所示的库元件属性对话框。

在库元件属性对话框中,将"Designator"项设置为"T?","Comment"项设置为"TRANS4",将"Library Link"项设置为"TRANS4",对于其他项,用户可根据实际需要进行设置。设置完成后,单击"OK"按钮即可。

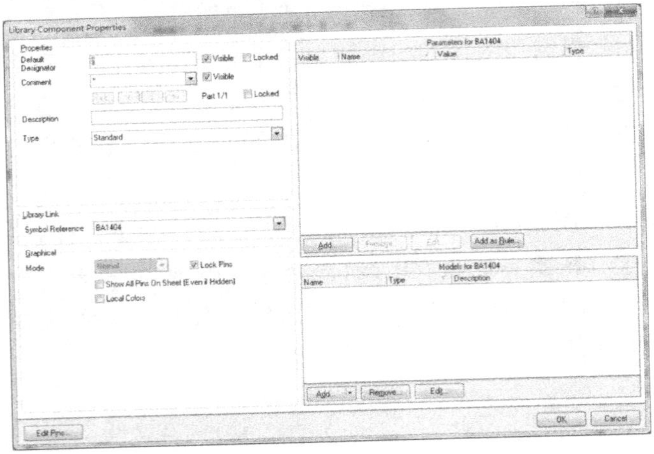

图 7-25　"New Component Name"对话框

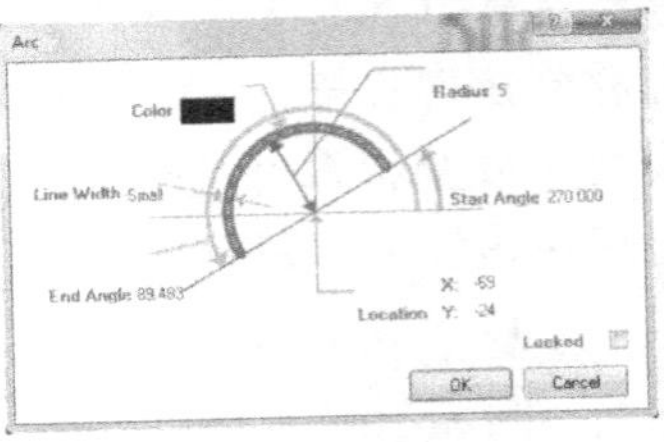

图 7-24　库元件属性对话框

图 7-26　圆弧属性对话框

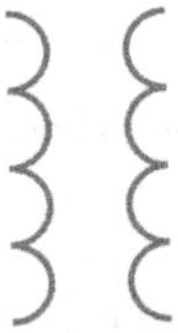

图 7-27　绘制好的绕组

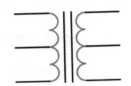

图 7-28　TRANS4 的原理图符号

图 7-29　库元件属性对话框

回到原理图编辑界面,在"Libraries"面板的已加载的库中就会有制作的库文件。

7.2.3　放置元件和元件布局

在放置元件之前,需要添加元件库。在小型调频发射机电路中,需要添加的元件库包括系统默认的基本元件库"Miscellaneous Devices. lib",以及在 7.2.2 小节自己制作的元件库。

下面开始放置元件。在"Libraries"面板的已加载的库中选择制作的"小型调频发射机电路. SchLib",如图 7-30 所示。

选中"小型调频发射机电路. SchLib"库中的 BA1404 元件,单击"Place"按钮,鼠标指针变为悬浮着 BA1404 的十字光标,如图 7-31 所示,在原理图上合适的位置单击,放置元件。放置完成后右击,退出放置状态。

选中"小型调频发射机电路. SchLib"库中的 TRANS4 元件,单击"Place"按钮,鼠标指针变为悬浮着 TRANS4 的十字光标,如图 7-32 所示,在原理图上合适的位置单击,放置元件,放置完成后右击,退出放置状态。

接下来依照前面章节讲述的方法和步骤依次放置电阻、电容、电感、音频变压器、三极管等元件。将所有的元件放置在原理图上之后,根据设计的需要适当调整各元件的位置,布局后的元件如图 7-33 所示。

图 7-30 "Libraries"面板

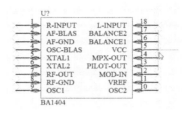

图 7-31　处于放置状态的 BA1404

图 7-32　处于放置状态的 TRANS4

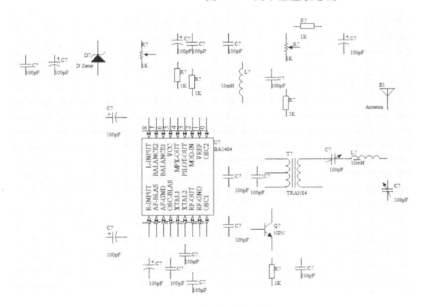

图 7-33　布局后的元件

7.2.4　元件标号

所有元件放置好之后,就需要设置元件的参数。在原理图中双击元件,在弹出的属性对话框中设置元件的值以及给元件标号。修改元件标号,这里采用自动标号的方法对所有元件进行标号。执行"Tools"→"Annotate"命令,系统会弹出如图 7-34 所示的对话框,选择需要标号的元件和元件标号的顺序,然后单击"OK"按钮,标号完成之后的电路如图 7-35 所示。

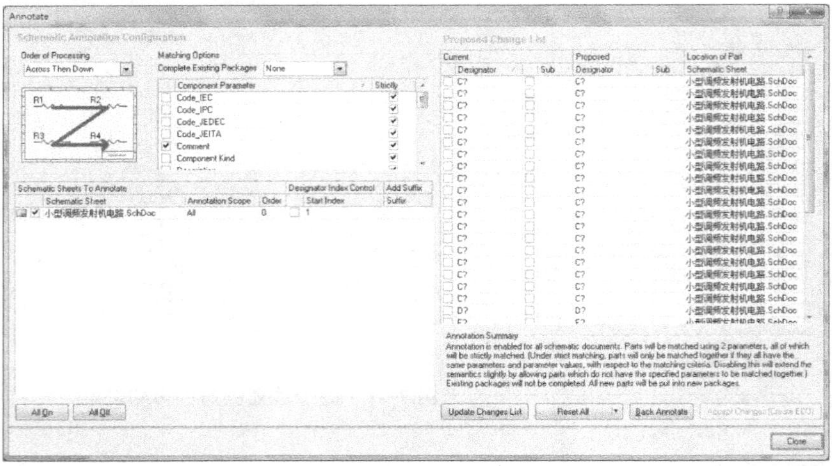

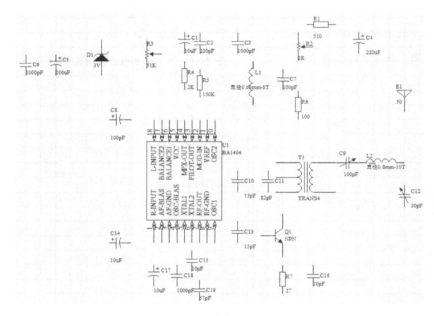

图 7-34　"Annotate"对话框

图 7-35　元件标号后的结果

7.2.5　放置电源和地

单击布线工具栏中的 _{Vcc} 图标,按 Tab 键,在弹出对话框中的"Net"栏中输入＋5V,放置＋5V 的电源。然后单击布线工具栏中的 图标,完成地的放置。放置好电源和地的电路如图 7-36 所示。

7.2.6　原理图连接

完成上述操作之后,就需要将原理图中的元件连接起来。单击布线工具栏中的 图标,或者执行"Place"→"Wire"命令,开始布线。布线完成后的电路原理图如图 7-37 所示。

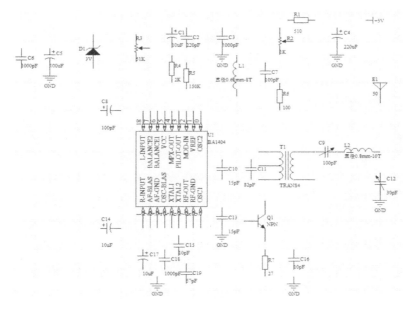

图 7-36　放置好电源和地的电路

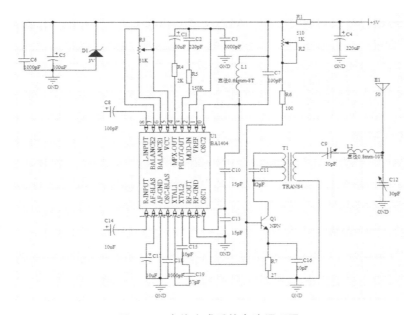

图 7-37　布线完成后的电路原理图

7.2.7　放置网络标号

在放置网络标号前,执行"Place"→"Directives"→"No ERC"命令,或者单击工具栏中的 ✗ 图标,在不连接的管脚上单击,在该管脚上标记一个叉,表示该管脚不连接。

接着在元件管脚上加一小段电气连接线延长,单击 Wring Tools 工具栏中的 Net1 图标,放置网络标号,光标会变成十字形状,并出现一个随着光标移动的虚线方框,此时按 Tab 键,出现如图 7-38 所示的网络标号属性对话框,在"Net"文本框中输入网络标号的名称,单击"OK"按钮。放置完成后,结果如图 7-39 所示。

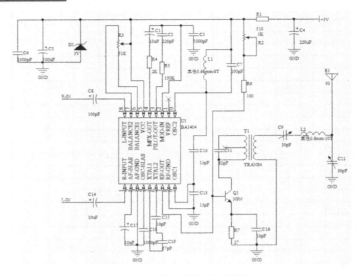

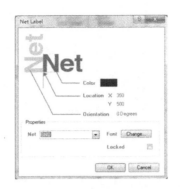

图 7-38　网络标号属性对话框

图 7-39　放置网络标号后的结果

7.2.8　原理图的编译

在编译之前,需要设置编译的参数。执行"Project"→"Project Options"命令,在弹出的项目属性对话框中设置好原理图中的各种电气错误的等级之后,就可以对原理图进行编译了。执行"Project"→"Compile Document 小型调频发射机电路.SchDoc"命令,就可以进行文件的编译。文件编译之后,在"Messages"面板中会显示系统的检测结果。单击工作窗口右下角的"System",然后在弹出的标签中选择"Message"项,打开"Messages"面板,查看报告,如果有错误,就根据错误报告对原理图进行修改,然后重新编译。

7.2.9　生成网络表

执行"Design"→"Netlist for Document"→"Protel"命令,此时系统就自动生成了该单个原理图文件的网络表,该网络表在该项目下的"Generated\Netlist File"文件夹里面,用户可双击打开该网络表文件,网络表的部分内容如图 7-40 所示。

7.2.10　生成元件清单

在生成元件报表之前,首先需要对元件报表的选项进行设置。执行"Reports"→"Bill of Materials"命令,系统自动弹出如图 7-41 所示的元件报表对话框。

图 7-40　网络表(部分)

图 7-41　元件报表对话框

在元件报表对话框中设置好元件报表的选项后,单击"Menu"按钮,选择快捷菜单下的"Report",系统弹出如图 7-42 所示的元件报表预览对话框。

在元件报表预览对话框中,单击"Export"按钮,可以保存元件报表,系统自动弹出如图 7-43 所示的"Export Report From Project"对话框。

图 7-42 元件报表预览对话框

图 7-43 "Export Report From Project"对话框

保存之后,返回到元件报表预览对话框中,用户单击"Open Report"按钮,可打开报表。单击"Print"按钮,可打印元件报表。

本 章 小 结

本章主要是结合了两个工程设计实例:I/V 变换信号调理电路原理图和小型调频发射机电路原理图,详细讲述了电路原理图绘制的一般步骤和方法,包括原理图文件的新建、图纸设置、新建元件、元件布局、原理图连接、原理图编译及网络报表的生成等等。

第8章   PCB 编辑环境

8.1   认识 Altium Designer Summer 09 的 PCB 编辑环境

Altium Designer Summer 09 的 PCB 设计是在 PCB 编辑环境中进行的,PCB 编辑环境中提供了很多功能强大的工具,使得 PCB 的设计制作更加简便。

PCB 的设计是建立在设计好的电路原理图之上的,用户在绘制好电路原理图之后,对项目进行编译,然后确认所有元件的封装,最后导入到 PCB 中进行 PCB 的设计。

8.1.1   开启一个新项目

执行“File”→“New”→“Project”→“PCB Project”命令,如图 8-1 所示,新建一个项目文件。

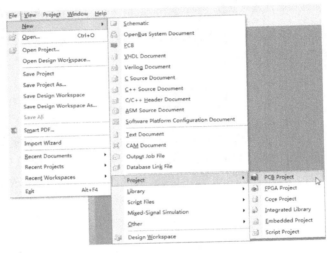

图 8-1   新建项目菜单命令

执行“File”→“Save Project As”命令,为项目重命名并保存项目文件,如图 8-2 所示。

8.1.2   打开一个 PCB 文件

在当前项目下,新建一个 PCB 文件有以下三种方法。

(1) 执行“File”→“New”→“PCB”命令,新建一个 PCB 文件,如图 8-3 所示。

用户可根据实际情况更改 PCB 文件名并保存文件。将鼠标指针移到 Project 面板的 PCB 文件上,右击,选择“Save As”命令,将 PCB 文件保存到项目文件路径下。

(2) 打开“Files”面板,在“New from template”栏中,选择“PCB Templates”,如图 8-4 所示。

系统弹出如图 8-5 所示的选择模板对话框。

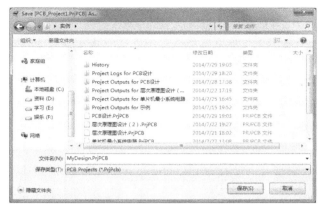

图 8-2　保存项目文件

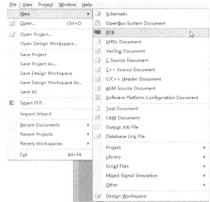

图 8-3　新建 PCB 文件菜单命令

图 8-4　"Files"面板

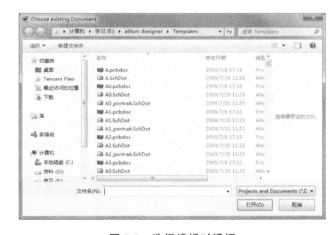

图 8-5　选择模板对话框

在选择模板对话框中有很多 PCB 设计模板,用户可根据实际情况选择需要的模板。

(3)打开"Files"面板,在"New from template"栏中,选择"PCB Board Wizard",如图 8-6 所示。系统弹出如图 8-7 所示的 PCB 板向导对话框。用户根据实际需要在该向导中逐一设置各种尺寸等参数,详细内容将在后面的章节中讲述。

8.1.3　进入 PCB 编辑环境

新建好一个 PCB 文件后,就进入了 PCB 编辑界面,如图 8-8 所示。PCB 编辑界面主要包括菜单栏、工具栏、工作窗口、状态栏、工作层切换栏及各种工作面板等。

1.菜单栏

PCB 编辑环境中的菜单栏如图 8-9 所示。PCB 编辑环境中的菜单栏中的菜单与原理图编辑环境下的菜单基本相同,下面主要介绍"Place"菜单、"Design"菜单、"Tools"菜单及"Auto Route"菜单。

图 8-6　"Files"面板

图 8-7　PCB 板向导对话框

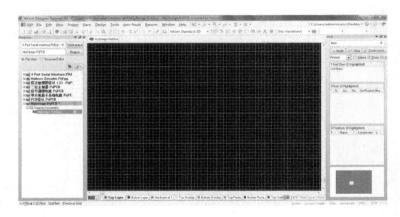

图 8-8　PCB 编辑界面

DXP　File　Edit　View　Project　Place　Design　Tools　Auto Route　Reports　Window　Help

图 8-9　PCB 编辑环境中的菜单栏

●"Place"菜单：主要用于放置 PCB 设计中需要的各种对象，如图 8-10 所示。
"Place"菜单中各命令的功能如表 8-1 所示。

表 8-1　"Place"菜单中各命令的功能

命　令	功　能
Arc(Center)	以中心为基准放置圆弧
Arc(Edge)	以边缘为基准旋转固定角度放置圆弧
Arc(Any Angle)	以边缘为基准放置任意角度的圆弧
Full Circle	放置圆环
Fill	放置填充区域
Solid Region	放置实心区域

命　　令	功　　能
3D Body	放置器件体
Line	放置走线
String	放置字符串
Pad	放置焊盘
Via	放置过孔
Interactive Routing	交互式布线
Interactive Differential Pair Routing	交互式差分对布线
Interactive Multi-Routing	交互式多重布线
Component	放置器件
Coordinate	放置坐标
Dimension	放置尺寸
Embedded Board Array/Panelize	放置内嵌板阵列
Polygon Pour	放置多边形覆铜
Polygon Pour Cutout	多边形填充挖空
Slice Polygon Pour	切断多边形填充区
Keepout	禁止布线

● "Design"菜单：主要用于原理图的导入、PCB 设计规则的设置、板层的设置及元件封装库的操作等，如图 8-11 所示。

图 8-10　"Place"菜单命令

图 8-11　"Design"菜单命令

"Design"菜单中各命令的功能如表 8-2 所示。

表 8-2　"Design"菜单中各命令的功能

命　令	功　能
Update Schematics in …. PrjPCB	更新项目中的原理图
Import Changes From …. PrjPCB	从项目中导入变化
Rules	设置规则
Rule Wizard	使用规则向导
Board Shape	板子形状
Netlist	网络表
Layer Stack Manager	层叠管理
BoardLayers & Colors	板层颜色
Manage Layer Sets	管理层设置
Rooms	区域
Classes	类
Browse Components	浏览器件
Add/Remove Library	添加/删除库
Make PCB Library	生成 PCB 库
Make Integrated Library	生成集成库
Board Options	板参数选项

● "Tools"菜单：主要包括设计规则检查等电路板设计完成后的一些处理操作，如图8-12所示。

● "Auto Route"菜单：用于自动布线，主要包括自动布线策略设置命令，以及各种自动布线的操作命令，如图 8-13 所示。

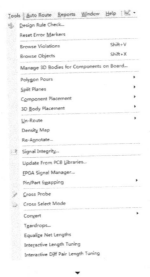

图 8-12　"Tools"菜单命令　　　　**图 8-13　"Auto Route"菜单命令**

2. 工具栏

PCB编辑环境中的主工具栏与原理图编辑环境中的主工具栏相似,如图 8-14 所示。

选择视图效果

图 8-14　PCB 编辑环境中的主工具栏

3. 工作窗口

工作窗口是进行 PCB 设计的主要区域,在该区域可以放置元件、布线以及修改组件等。

4. 状态栏

状态栏显示的是当前鼠标指针所在位置的横坐标和纵坐标,以及鼠标移动一格的距离。

5. 工作层切换栏

工作层切换栏显示所有的图层,包括信号层、丝印层、机械层及禁止布线层等。用户可以在工作层切换栏中对当前显示的层进行切换,如图 8-15 所示。

图 8-15　工作层切换栏

6. 工作面板

PCB 编辑环境中的大部分工作面板与原理图编辑环境中的工作面板相同,PCB 编辑环境中增加了一些与 PCB 设计相关的面板,单击屏幕右下角的“PCB”标签,如图 8-16 所示。其中,应用最多的是“PCB”面板(见图 8-17)。

“PCB”面板主要用于对 PCB 设计文件中的所有图件进行快速浏览、查看与编辑,这些图件包括网络标号、元件、From-To 编辑器、分割面编辑器、差分对编辑器、覆铜及 3D 模型等。“PCB”面板中的下拉列表如图 8-18 所示,各选项的功能如表 8-3 所示。

表 8-3　“PCB”面板下拉列表中各选项的功能

选　　项	功　　能
Nets	将“PCB”面板切换到浏览网络模式
Components	将“PCB”面板切换到浏览元件模式
From-To Editor	将“PCB”面板切换到浏览 From-To 编辑器模式
Split Plane Editor	将“PCB”面板切换到浏览分割面编辑器模式
Differential Pairs Editor	将“PCB”面板切换到浏览差分对编辑器模式
Polygons	将“PCB”面板切换到浏览覆铜模式
Hole Size Editor	将“PCB”面板切换到浏览孔尺寸编辑器模式
3D Models	将“PCB”面板切换到浏览 3D 模型模式

若切换到浏览网络模式(见图 8-17),则此时下拉列表下的列表框中将显示所有的网络类、每一个网络类中的所有网络及所有构成网络的组件信息。

若切换到浏览元件模式(见图 8-19),则此时下拉列表下的列表框中将显示所有的元件类、每一个元件类中的所有元件及所有构成元件的组件信息。同理,其他几种浏览模式类似。

图 8-16 "PCB"标签　图 8-17 "PCB"面板　图 8-18 "PCB"面板下拉列表　图 8-19 浏览元件模式

8.2 印制电路板概述

印制电路板是工程设计的最终目的。印制电路板是通过在电路板上印制导线,从而实现焊盘和过孔等的电气连接。

8.2.1 印制电路板的分类

印制电路板根据结构可分为以下三类。

1. 单层板

单层板的一面覆铜,另一面不覆铜,用户只能在覆铜的一面放置元件并布线。

2. 双层板

双层板的两面都覆铜,用户可以在两面放置元件并布线。双层板包括顶层和底层,一般在顶层放置元件,在底层对元件进行焊接,利用过孔将两面的导线进行连接。过孔是在 PCB 上充满或涂上金属的小洞。双层板的面积比单层板的面积增大了一倍,而且布线可以相互交错,因此适合应用于更复杂的电路上。此外,相对于多层板而言,双层板的制作成本不高,因此双层板的应用最多。

3. 多层板

多层板不仅包含顶层和底层,还有信号层、内部电源层及丝印层等。常用的多层板有 4 层板、6 层板、8 层板及 10 层板等。4 层板一般除了顶层和底层之外,增加了电源层和地线层,这样解决了电磁干扰的问题,大大提高了系统的稳定性。6 层板通常是在 4 层板的基础上增加了 2 层信号层。8 层板通常包括 1 层电源层、2 层地线层及 5 层信号层。

8.2.2 印制电路板的组成

印刷电路板主要由焊盘、过孔、铜膜导线、工作层面及元件封装组成。

1. 焊盘

焊盘是将元件与铜膜导线进行电气连接的元素。根据焊接工艺的不同,焊盘可分为非过孔焊盘和过孔焊盘。一般而言,表贴元件采用非过孔焊盘,并且非过孔焊盘只在顶层才有效;插针式元件采用过孔焊盘,并且过孔焊盘在多层都有效。根据外观的不同,焊盘可分为圆形焊盘、矩形焊盘及八边形焊盘。

- 圆形焊盘:在印制电路板中应用最多的是圆形焊盘,当圆形焊盘的横坐标与纵坐标不相等时,就是椭圆形焊盘。非过孔焊盘的主要参数是焊盘的尺寸,过孔焊盘的主要参数是焊盘和过孔的尺寸。
- 矩形焊盘:元件的第一管脚一般用矩形焊盘来标记,矩形焊盘也可以作为表贴元件的焊盘。当焊盘为非过孔焊盘时,一般设置焊盘的尺寸略大于元件引脚的尺寸,以使得焊接更加可靠。
- 八边形焊盘:一般只在有特殊需要的时候才采用八边形焊盘。

2. 过孔

为了使各导电层的铜膜导线实现电气连接,就需要过孔。过孔是在各导电层需要连通的导线的交汇处钻的一个公共的小孔。过孔的孔壁圆柱面上面镀有一层金属,从而可以连接中间各层需要连通的铜箔。过孔可分为如下三种。

- 穿透过孔:连接全部导电层的过孔。
- 盲孔:连接顶层和内部导电层,或者连接底层和内部导电层的过孔。
- 埋孔:连接内部导电层的过孔。

过孔的参数主要是孔径尺寸和外径尺寸。孔径尺寸是指过孔的内径尺寸,它与印制电路板的厚度及密度有关。过孔外径尺寸是指过孔的最小镀层宽度的两倍再加上外径尺寸。一般在设计电路时,尽量少用过孔,如果要使用过孔,就必须考虑好过孔与周围实体之间的间隔问题。此外,需要的载流量越大,过孔的尺寸越大。

3. 铜膜导线

铜膜导线用于连接电路板上的焊盘和过孔。印制电路板基板的材料是绝缘隔热的,在基板上覆铜之后,覆铜层根据设计时的布线经过蚀刻而留下来的线路就是印制板的铜膜导线。

铜膜导线的参数主要是导线宽度和导线间距。铜膜导线的最小导线宽度取决于流过导线的电流强度,以及导线与绝缘基板之间的粘贴强度。设置铜膜导线宽度的原则是:在保证电气连接特性的基础上,尽量使用较宽的铜膜导线,特别是电源及地线,但是太宽的铜膜导线可能会导致铜膜导线在受热之后与基板脱离。导线间距是指两条相邻导线边缘之间的距离。铜膜导线的导线间距一定要设计得足够大,这样是为了便于生产加工,避免由于加工误差造成的导线之间的粘连,此外还出于对铜膜导线之间的绝缘电阻和击穿电压的考虑。

4. 工作层面

印制电路板的工作层面分为七类:信号层、内部电源层、机械层、丝印层、保护层、禁止布线层及其他层。在后面的章节中再对各层进行详细的讲解。

5. 元件封装

元件封装是指在印制电路板上用来代替实际元件的图形符号。元件封装包含元件的外形及引脚的信息,比如元件的引脚分布、引脚之间的距离及元件外形尺寸等。具有相同外形和引脚信息的不同元件可以使用一样的封装。

8.3 设置环境参数

环境参数的设置包括图纸的设定、板层的类型及板层的设置。

8.3.1 图纸的设定

图纸的设定有如下两种方法。

1．通过"Board Options"命令进行设置

（1）执行"Design"→"Board Options"命令，系统弹出如图8-20所示的"Board Options"对话框。

"Board Options"对话框中各项的含义如下。

● "Measurement Unit"栏：用于设置PCB中测量的单位，有"Imperial"和"Metric"两种单位可供用户选择，一般建议选择英制单位"Imperial"。

● "Snap Grid"栏：用于设置捕获格点。捕获格点是指鼠标捕获的格点间距，在"X"和"Y"中可以分别设置格点间距的X坐标和Y坐标。

● "Component Grid"栏：用于设置元件格点。在"X"和"Y"中可以分别设置元件格点的X坐标和Y坐标。

● "Electrical Grid"栏：用于设置电气捕获格点。电气捕获格点的值应该设置得比"Snap Grid"的值小，这样才能较好地实现电气捕获。

● "Visible Grid"栏：用于设置可视格点。"Markers"下拉列表中有"Dots"和"Lines"两种选项可供用户选择。可视格点分为可视格点1和可视格点2。可视格点1的值小于可视格点2的值。当放大比例很小时，显示的是可视格点1；当放大比例较大时，显示的是可视格点2。

● "Sheet Position"栏：用于设置图纸的位置。"X"用于设置图纸在X轴上的位置，"Y"用于设置图纸在Y轴上的位置，"Width"用于设置图纸的宽度，"Height"用于设置图纸的高度。设置好图纸的尺寸后，如果勾选"Display Sheet"复选项，就可以显示图纸。

（2）设置完成后单击"OK"按钮即可。

2．通过PCB模板添加新的图纸

在Altium Designer Summer 09中，有一系列的PCB模板，存放在安装目录"altium designer\Templates"下，具体步骤如下。

（1）打开需要进行图纸设置的PCB文件。

（2）执行"File"→"Open"命令，在弹出的"Choose Document to Open"对话框中，找到安装目录"altium designer\Templates"，如图8-21所示。

（3）在"Choose Document to Open"对话框中选择一个模板，单击"打开"按钮，当前工作窗口中就出现了一个新的PCB模板文件，如图8-22所示。

（4）用鼠标拉出矩形框选中该模板文件，右击，在弹出的快捷菜单中执行"Copy"命令，然后切换到要添加图纸的PCB文件，右击，在弹出的快捷菜单中执行"Paste"命令，此时鼠标指针变为悬浮着图纸边框的十字光标，移动光标到合适的位置，单击，即可完成模板图纸的放置。新页面的内容被放置到了"Mechanical 1"层。

（5）执行"Design"→"Board Layer & Colors"命令，系统弹出如图8-23所示的对话框。

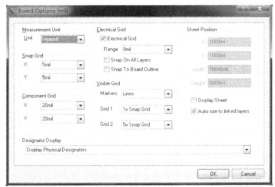

图 8-20 "Board Options"对话框

图 8-21 "Choose Document to Open"对话框

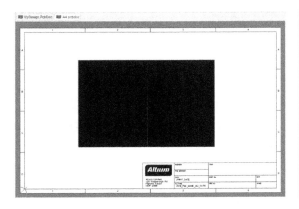

图 8-22 打开的模板文件

图 8-23 "View Configurations"对话框

在"View Configurations"对话框的"Mechanical 1"层上勾选"Show"、"Enable"和"Linked To Sheet"复选项,然后单击"OK"按钮即可完成"Mechanical 1"层和图纸的连接。

（6）执行"View"→"Fit Sheet"命令,此时图纸与导入的 PCB 图纸边界正好匹配。

8.3.2 板层的类型

Altium Designer Summer 09 提供了六种类型的工作层面。

1. "Signal Layers"(信号层)

信号层是铜箔层,主要用于电气连接。Altium Designer Summer 09 提供了 32 层信号层,包括"Top Layer"(顶层)、"Bottom Layer"(底层)及 30 层"Mid Layer"(中间层)。

2. "Internal Planes"(内部电源和地层)

内部电源和地层也是铜箔层,主要用于建立电源和地的网络。Altium Designer Summer 09 提供的内部电源和地层共 16 层,各层用不同的颜色区分。

3. "Mechanical Layers"(机械层)

机械层用于生产和组装,描述电路板的机械结构、尺寸、标注及加工等说明,不具有电气连接特性。Altium Designer Summer 09 提供了 16 层机械层。

4. "Mask Layers"(掩模层)

掩模层用于保护铜线,防止元件被焊接到错误的地方。Altium Designer Summer 09 提供了 4 层掩模层,分别为"Top Solder"(顶部阻焊层)、"Bottom Solder"(底部阻焊层)、"Top Paster"(顶部阻锡层)及"Bottom Paster"(底部阻锡层)。

5. "Silkscreen Layers"(丝印层)

丝印层用于放置元器件的标号及元器件的外形轮廓等信息。Altium Designer Summer 09 提供了 2 层丝印层,分别为"Top Overlay"(顶部丝印层)和"Bottom Overlay"(底部丝印层)。

6. "Other Layers"(其他层)

其他层包括"Drill Guides"(钻孔位置)、"Drill Drawing"(钻孔图)、"Keep-Out Layer"(禁止布线层)及"Multi-Layer"(多层)。其中,"Drill Guides"和"Drill Drawing"用于描述钻孔的位置和图;"Keep-Out Layer"用于定义一些区域,只有在这些区域中,元器件和布线是有效的;"Multi-Layer"用于设置更多层。

8.3.3 板层的设置

板层的设置分为电路板层数设置和板层颜色设置。

1. 电路板层数设置

在进行电路板设计之前,可以对板的层数和属性进行设置。

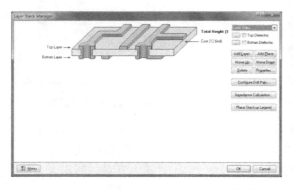

图 8-24 "Layer Stack Manager"对话框

执行"Design"→"Layer Stack Manager"命令,系统弹出如图 8-24 所示的"Layer Stack Manager"对话框。

在"Layer Stack Manager"对话框中可以增加层、删除层、移动层,以及对层的属性进行设置。对话框的中心显示了当前 PCB 文件的层结构,默认的是双层板,包括"Top Layer"和"Bottom Layer"。

"Layer Stack Manager"对话框中主要项的含义如下。

● "Add Layer"按钮:单击该按钮可以添加信号层,当选定一层为参考层时,添加的层放在参考层的下面,若参考层为"Bottom Layer",则添加的层放在"Bottom Layer"的上面。

● "Add Plane"按钮:单击该按钮可以添加电源层和地层,同样也需要选定一个参考层。

● "Move Up"按钮:添加层之后,可以通过单击该按钮将层的位置上移。

● "Move Down"按钮:添加层之后,可以通过单击该按钮将层的位置下移。

● "Delete"按钮:选中某一层后,单击该按钮可以删除该层。

● "Properties"按钮:选中某一层后,单击该按钮可以打开该层的属性对话框,用户可在该对话框中编辑层的名称和厚度,以"Top Layer"为例,如图 8-25 所示。

● "Menu"按钮:单击该按钮,系统弹出如图 8-26 所示的"Menu"菜单。

"Menu"菜单中的大部分项的功能与"Layer Stack Manager"对话框中对应的按钮的功能相同,"Example Layer Stacks"中具有不同层数的电路板,可以用于快速进行板层设置,如图 8-27 所示。

图 8-25　层属性对话框

图 8-26　"Menu"菜单

图 8-27　"Example Layer
Stacks"菜单项

2. 板层颜色设置

PCB编辑环境下的每个板层都有不同的显示颜色,用户可以根据个人习惯进行设置。

执行"Design"→"Board Layers & Colors"命令,或者在工作区右击并执行"Options"→"Board Layers & Colors"命令(或者按快捷键L),系统弹出如图8-28所示的"View Configurations"对话框。

"View Configurations"对话框中各主要项的含义如下。

● "Only show layers in layer stack"复选项:对应上方的信号层,如果勾选该复选项,那么只显示图层堆栈中设置的有效的信号层,如果不勾选该复选项,那么就会显示所有的信号层。一般建议勾选该复选项。

● "Only show planes in layer stack"复选项:对应上方的电源层和地层,如果勾选该复选项,那么只显示图层堆栈中设置的有效的电源层和地层,如果不勾选该复选项,那么就会显示所有的电源层和地层。一般建议勾选该复选项。

● "Only show enabled mechanical layers"复选项:对应上方的机械层,如果勾选该复选项,那么只显示图层堆栈中设置的有效的机械层,如果不勾选该复选项,那么就会显示所有的机械层。一般建议勾选该复选项。

● "Color"设置栏:用于设置对应层的显示颜色。当用户想修改某一层的颜色时,单击该层对应的"Color"设置栏,就可以在弹出的"2D System Colors…"对话框中进行设置,以"Top Layer"层为例,如图8-29所示。

图 8-28　"View Configurations"对话框

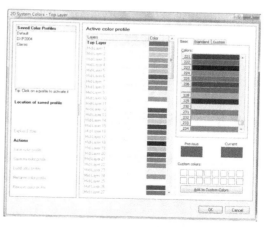

图 8-29　颜色设置对话框

● "All On"按钮:单击该按钮,所有层的"Show"复选项都被勾选。

● "All Off"按钮:单击该按钮,所有层的"Show"复选项都不被勾选。

- "Used On"按钮：单击该按钮，所有使用层的"Show"复选项都被勾选。
- "Selected Layers On"按钮：选中某一层，单击该按钮，被选中层的"Show"复选项被勾选。
- "Selected Layers Off"按钮：选中某一层，单击该按钮，被选中层的"Show"复选项不被勾选。
- "Clear All Layers"按钮：单击该按钮，所有层的勾选状态都被清除。
- "Default Color for New Nets"：用于设置新网络的默认颜色。
- "Background"：用于设置背景颜色。
- "DRC Error Markers"：用于设置 DRC 检查到的错误标记颜色。
- "Selections"：用于设置对象被选中时的颜色。
- "Visible Grid 1"：用于设置可视格点 1 的显示颜色。
- "Visible Grid 2"：用于设置可视格点 2 的显示颜色。
- "Pad Holes"：用于设置焊盘孔的颜色。
- "Via Holes"：用于设置过孔的颜色。
- "DRC Detail Markers"：用于设置 DRC 详细标记的颜色。
- "Highlight Color"：用于设置高亮颜色。
- "Board Line Color"：用于设置 PCB 板边界线的颜色。
- "Board Area Color"：用于设置 PCB 板面的颜色。
- "Sheet Line Color"：用于设置图纸边界线的颜色。
- "Sheet Area Color"：用于设置图纸页面的颜色。
- "Workspace Start Color"：用于设置工作空间起始端（上半部分）的颜色。
- "Workspace End Color"：用于设置工作空间终止端（下半部分）的颜色。

 ## 8.4 电路板的规划

在设计电路板之前，需要对电路板进行规划，即规划电路板的形状和大小，然后设置电路板的边界并放置安装孔。电路板的边界分为物理边界和电气边界。物理边界定义在机械层上面，电气边界定义在禁止布线层上面。通常认为物理边界和电气边界是重合的，因此可以只定义电路板的电气边界。

规划电路板有两种方法，一种是使用向导规划电路板，另一种是手动规划电路板。详细的步骤将在 8.6 节讲述。

 ## 8.5 PCB 设计的基本原则

为了防止实际电路中存在的杂散电感电容对信号传输产生的影响，以及防止布置不合适导致的传输干扰，在 PCB 设计的过程中，必须遵循一些基本原则。

1. 元件布局合理

在进行电路板设计时，元件的布局应该满足一定的要求，比如散热方面的要求、机械结构方面的要求及防电磁干扰方面的要求等。

2. 正确的电气连接

元件布局好之后，就需要进行电气连接了。正确的电气连接是电路板正常工作的基本要求。

3. 电路板布线合理

电路板的布线需要遵循一定的设计规则，这些将在后面的章节中进行详细介绍。

4. 符合设计者意图

电路板设计是设计者思路的体现，必须满足设计者最初的设计意图。

5. 符合电路板的安装要求

在对电路板进行设计、调试之后，一般要将电路板安装到箱体中，因此电路板的外形及安装孔的大小和位置都需要满足一定的要求。

6. 便于安装与调试

设计好电路板之后，需要在电路板上安装元件并焊接，最后还需要对其进行调试，看是否能正常工作。为了便于元件的安装和焊接，在设计的过程中应该考虑元件之间的距离等问题。为了便于调试，需要在重要的网络上放置专门的测试点。

 8.6 典型实例

8.6.1 实例 8-1：利用向导规划电路板

在 PCB 编辑环境下，用户可以利用电路板向导对电路板进行各种参数的设置，得到满足用户要求的多种电路板。

具体操作步骤如下。

（1）打开"Files"面板，在"New from template"项中，选择"PCB Board Wizard"，如图 8-30所示。系统弹出如图 8-31 所示的 PCB 板向导对话框。

图 8-30 "Files"面板　　　　　**图 8-31 PCB 板向导对话框**

（2）单击"Next"按钮，系统弹出如图 8-32 所示的"Choose Board Units"对话框。用户可以根据个人喜好选择"Imperial"（英制单位）或者"Metric"（米制单位），这里选择

"Imperial"（英制单位）。

（3）单击"Next"按钮，弹出如图 8-33 所示的"Choose Board Profiles"对话框。

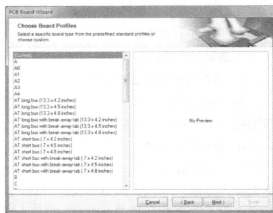

图 8-32 "**Choose Board Units**"对话框   图 8-33 "**Choose Board Profiles**"对话框

在"Choose Board Profiles"对话框中，用户可以从系统提供的预定义标准板型中选择需要的模板，也可以自定义板型，这里选择"Custom"项，用户自定义电路板的各种参数。

（4）单击"Next"按钮，弹出如图 8-34 所示的"Choose Board Details"对话框。

在"Choose Board Details"对话框中，可以设置电路板的外形轮廓和尺寸等参数，不勾选"Corner Cutoff"（切掉电路板的边角）和"Inner Cutoff"（切掉电路板的中间部分），其他参数选择默认设置。

（5）单击"Next"按钮，弹出如图 8-35 所示的"Choose Board Layers"对话框。

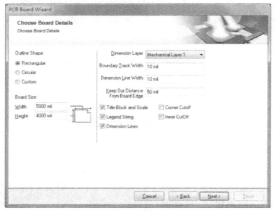

图 8-34 "**Choose Board Details**"对话框   图 8-35 "**Choose Board Layers**"对话框

我们这里以双面板为例，设置"Signal Layers"（信号层）为 2，"Power Planes"（电源层）为 0。

（6）单击"Next"按钮，弹出如图 8-36 所示的"Choose Via Style"对话框。

在"Choose Via Style"对话框中，用户可以选择过孔的类型，有两项可供用户选择，即"Thruhole Vias only"（穿透过孔）和"Blind and Buried Vias only"（盲孔和埋孔）。这里选择"Thruhole Vias only"。

（7）单击"Next"按钮，弹出如图 8-37 所示的"Choose Component and Routing Technologies"

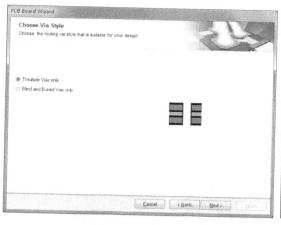

图 8-36　"Choose Via Style"对话框

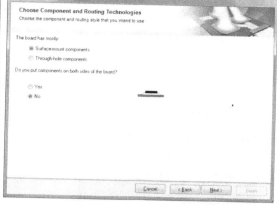

图 8-37　"Choose Component and Routing Technologies"对话框

对话框。

在"Choose Component and Routing Technologies"对话框中,有两项需要选择:电路板上大部分是表贴元件还是直插元件;是否在电路板两面都放置元件。这里我们选择"Surface-mount components"(表贴元件),在第二项中选择"No"。

(8) 单击"Next"按钮,弹出如图 8-38 所示的"Choose Default Track and Via sizes"对话框。

在"Choose Default Track and Via Sizes"对话框中,可以设置导线和过孔的尺寸及导线的间距。这里采用默认设置。

(9) 单击"Next"按钮,弹出如图 8-39 所示的完成电路板向导对话框。

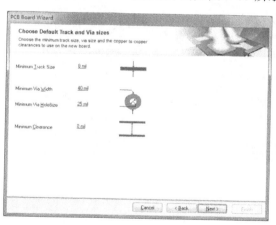

图8-38　"Choose Default Track and Via Sizes"对话框

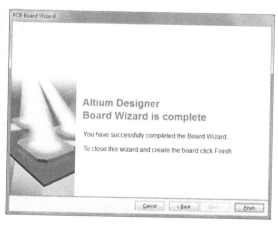

图 8-39　完成电路板向导对话框

(10) 单击"Finish"按钮,系统自动进入了 PCB 编辑界面,并且显示的是规划好的电路板,如图 8-40 所示。

8.6.2　实例 8-2:人工规划电路板

在 PCB 编辑环境中,可以人工规划电路板,设计电路板的尺寸,并对电路板的各种参数进行设置。人工规划电路板其实就是定义电路板的电气边界。

具体的操作步骤如下。

（1）执行"File"→"New"→"PCB"命令，新建一个 PCB 文件。

（2）执行"File"→"Save As"命令，将文件命名为"实例 8-2. PcbDoc"并保存。

（3）在 PCB 编辑环境中，将工作层切换栏切换到"Keep-Out Layer"（禁止布线层），如图 8-41 所示。

图 8-40　规划好的电路板

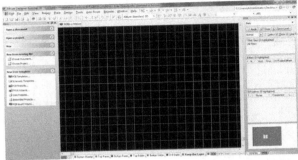

图 8-41　PCB 编辑环境

（4）放置参考点。执行"Edit"→"Origin"→"Set"命令，如图 8-42 所示。

此时鼠标指针变为十字光标，移动光标到 PCB 编辑界面中的合适的位置，单击，完成参考点的放置，如图 8-43 所示。

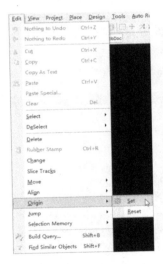

图 8-42　"Edit"菜单命令

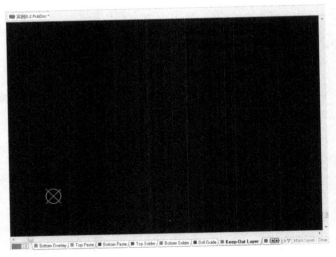

图 8-43　放置好参考点

（5）单击工具栏中的 图标，在工作区的合适的位置单击，沿着水平方向拖动鼠标指针到合适的位置，单击，这样电路板电气边界的第一条边就确定了，如图 8-44 所示。

图 8-44　第一条边界

（6）继续沿着垂直方向拖动鼠标指针，到合适的位置单击，确定第二条边界。依次确定第三条边界和第四条边界，最终就确定了整个电路板的边界，如图 8-45 所示。

图 8-45   电路板的边框

本 章 小 结

本章介绍了 PCB 编辑环境，了解了印制电路板的分类、组成部分及 PCB 设计的基本原则，最后还介绍了如何设置环境参数及如何规划电路板。

第9章 PCB设计系统的操作

9.1 快捷键介绍

在 Altium Designer 中,除了菜单命令外,还有一些常用的快捷键,它们可以使得操作更加简便,如表 9-1 所示。

表 9-1 常用的快捷键及其功能

快捷键	功　能	快捷键	功　能
Esc	放弃或取消	Enter	启动
Ctrl+C	将选中的对象复制到剪贴板里	Ctrl+V	将剪贴板里的内容粘贴到编辑区
Ctrl+X	将选中的对象剪切放入剪贴板	PgUp	放大窗口
PgDn	缩小窗口	End	刷新屏幕
F1	启动帮助窗口	Tab	打开浮动元件的属性对话框
Delete	删除选中的元件	E+A(先按 E,再按 A)	取消所有被选对象的选择状态
X	水平方向翻转浮动元件	Y	垂直方向翻转浮动元件
Space	逆时针旋转元件	Shift+Space	顺时针旋转元件
Ctrl+Z	恢复前一次操作	Ctrl+Y	取消前一次恢复
Ctrl+F4	关闭当前文件		

9.2 快捷菜单的常用命令

在 PCB 编辑窗口中,将鼠标指针移到编辑区的空白处,右击,系统弹出如图 9-1 所示的快捷菜单。

图 9-1 所示快捷菜单中各项命令的含义如下。

(1) "Find Similar Objects"命令:查找相似对象。

(2) "Build Query"命令:建立查询。

(3) "Filter"命令:过滤器。

(4) "Interactive Routing"命令:交互式布线。

(5) "Interactive Differential Pair Routing"命令:交互式差分对布线。

(6) "Interactive Multi-Routing"命令:交互式多路布线。

(7) "Cut"命令:剪切。

(8) "Copy"命令:复制。

(9) "Paste"命令:粘贴。

(10) "Clear"命令:清除。

（11）"Snap Grid"命令：设置格点间距。有多种格点间距可供用户选择，如图 9-2 所示。

（12）"View"命令：视图选项。"View"级联菜单命令如图 9-3 所示。

- "Fit Board"命令：将整块电路板容纳到整个编辑区中。
- "View Area"命令：将指定的区域放大，然后容纳到整个编辑区中。
- "Zoom In"命令：将窗口放大。
- "Zoom Out"命令：将窗口缩小。
- "Fit Selected"命令：将选中的对象容纳到整个编辑区中。
- "Filtered Objects"命令：过滤的对象。

（13）"Design"命令：设计选项。"Design"级联菜单命令如图 9-4 所示。

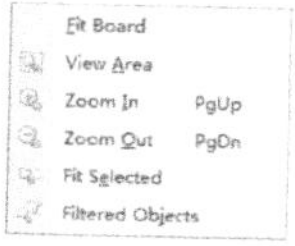

图 9-3　"View"级联菜单命令

图 9-1　快捷菜单　　　图 9-2　格点间距选项　　图 9-4　"Design"级联菜单命令

- "Rules"命令：设置设计规则。
- "Rule Wizard"命令：使用规则向导。
- "Classes"命令：用于编辑各种类，比如元件、网络等的分类。

（14）"Options"命令：用于设置编辑环境。"Options"级联菜单命令如图 9-5 所示。

"Options"级联菜单命令可以用于设置板层的相关信息、设置格点和图纸的参数，以及设置屏幕上显示的元件等等。

9.3　窗口操作

Altium Designer 中，所有文件都是以项目为中心的，一个项目中一般有多个文件，每打开一个文件就会在当前窗口中显示。因此，掌握窗口的操作技巧可以方便用户查看各种文件。

9.3.1　窗口缩放操作

图 9-5　"Options"级联菜单命令

当用户想要查看图纸的局部细节，然后做进一步修改或编辑的时候，就需要对窗口进行缩放操作。实现对窗口缩放的方法具体如下。

1. 菜单命令

分别执行"View"→"Zoom In"命令和"View"→"Zoom Out"命令，能实现对窗口的放大和缩小，如图 9-6 所示。

2. 工具栏

单击工具栏中相应的缩放图标,可实现对窗口的缩放,如图 9-7 所示。

3. 快捷方式

缩放的快捷方式有如下四种。

● 按 Ctrl 键＋滚动滑轮。

● 按 Ctrl 键＋按住鼠标右键＋前后推拉鼠标。

● 按 PgUp 键或 PgDn 键。

● 按住滑轮＋前后推拉鼠标。

9.3.2 窗口排列技巧

在 Altium Designer 中,可以同时打开多个文件,用户可以对多个窗口进行各种排列操作。

在"Window"菜单命令中有多种窗口排列方式,如图 9-8 所示。

图 9-6 缩放窗口的菜单命令　　　　**图 9-7 缩放工具栏**　　　　**图 9-8 "Window"菜单命令**

"Window"菜单命令中各项含义如下。

● "Tile"命令:平铺。执行该命令后的效果与执行"Tile Vertically"命令后的效果一样。

● "Tile Horizontally"命令:水平平铺,执行该命令后的效果如图 9-9 所示。

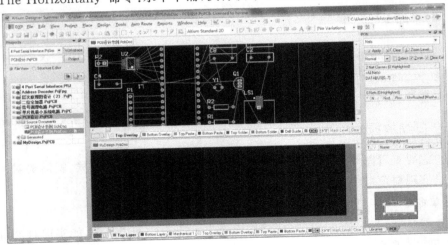

图 9-9 水平平铺效果图

● "Tile Vertically"命令：垂直平铺。执行该命令后的效果如图 9-10 所示。

● "Arrange All Windows Horizontally"命令：将所有的窗口水平排列。执行该命令后的效果与执行"Tile Horizontally"命令后的效果一样。

● "Arrange All Windows Vertically"命令：将所有的窗口垂直排列。执行该命令后的效果与执行"Tile Vertically"命令后的效果一样。

此外，Altium Designer Summer 09 还支持将文件在另外一个新的 Altium Designer 窗口中打开。具体操作的方法如下。

将鼠标指针移到要在新的 Altium Designer 窗口中打开的文件标题上，右击，系统弹出如图 9-11 所示的快捷菜单。

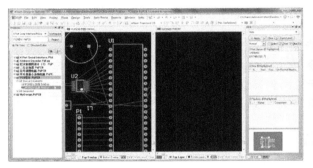

图 9-10　垂直平铺效果图

图 9-11　快捷菜单

执行"Open In New Window"命令，系统会将指定的文件在新的 Altium Designer 窗口中打开。

9.3.3　工作区排列

工作区是 PCB 编辑界面的黑色绘图区域，用户只能在该区域放置元件、布局及布线等，如图 9-12 所示。

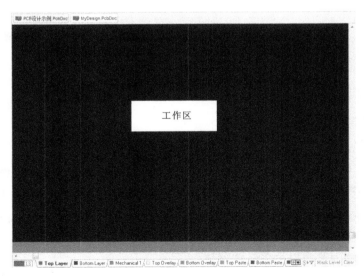

图 9-12　工作区

9.4 放置元件封装及其属性编辑

放置元件封装和编辑其属性是 PCB 设计的一个重要步骤,设计工作需要熟练掌握一些常用的放置元件封装的方法及编辑其属相的方法。

9.4.1 元件封装的放置

放置元件封装有如下五种方法:①使用菜单命令;②使用工具栏;③使用库元件浏览窗口;④使用快捷键;⑤使用快捷菜单。

下面主要介绍如何使用菜单命令、使用工具栏及使用库元件浏览窗口放置元件封装。

1. 使用菜单命令放置元件封装

使用菜单命令放置元件封装的具体步骤如下。

(1) 执行"Place"→"Component"命令,如图 9-13 所示。

(2) 在弹出的对话框中输入要放置元件的封装、标识等信息,如图 9-14 所示。

(3) 单击"OK"按钮,鼠标指针变为悬浮着电阻封装的十字光标,将光标移动合适的位置,单击,就完成了元件封装的放置。

2. 使用工具栏放置元件封装

下面以放置电容封装为例,介绍放置元件封装的具体步骤。

(1) 单击工具栏中的 图标,系统弹出如图 9-15 所示的对话框,在该对话框中输入要放置元件封装的信息。

图 9-13　放置元件封装菜单命令　　图 9-14　放置元件封装对话框　　图 9-15　放置元件封装对话框

(2) 单击"OK"按钮,鼠标指针变为悬浮着电容封装的十字光标,将光标移到合适的位置,单击,就完成了元件封装的放置。

3. 使用库元件浏览窗口放置元件封装

下面以放置电感封装为例,介绍使用库元件浏览窗口放置元件封装的具体步骤。

(1) 打开"Libraries"面板,如图 9-16 所示。

(2) 单击"Libraries"面板中的"..."按钮,弹出如图 9-17 所示的库显示类型选择框,选择

"Footprints"。

（3）选择电感所在的库"Miscellaneous Devices. IntLib"，然后在下面的"Name"栏中找到需要的电感封装，选择"INDC1005AL"，如图9-18所示。

（4）弹出"Place Component"对话框，输入电感封装的信息，如图9-19所示。

（5）单击"OK"按钮，鼠标指针变为悬浮着电感封装的十字光标，将光标移到合适的位置，单击，就完成了元件封装的放置。

图 9-16 "Libraries"面板 图 9-17 库显示类型 图 9-18 选择元件封装 图 9-19 "Place Component"
　　　　　　　　　　　　　　　　选择框　　　　　　　　选择框　　　　　　　　　对话框

9.4.2 元件封装的属性编辑

打开元件封装属性对话框有如下三种方法。
- 当元件封装处于放置状态时，按 Tab 键，打开元件封装属性对话框。
- 当元件封装已经放置在图纸上时，双击该元件封装，打开元件封装属性对话框。
- 当元件封装已经放置在图纸上时，还可以执行"Edit"→"Change"命令，鼠标指针变为十字光标，将十字光标移到需要编辑属性的元件封装上，单击，打开元件封装属性对话框，如图 9-20 所示。

图 9-20 元件封装属性对话框

在元件封装属性对话框中,用户可以根据实际需求对元件封装的属性进行编辑。

9.5 覆铜的应用

覆铜是指在电路板上空白的地方覆上铜膜,起到屏蔽信号的作用,从而提高电路板的抗干扰能力。

9.5.1 设置覆铜

设置覆铜有如下三种方法:①执行"Place"→"Polygon Pour"命令,如图 9-21 所示;②单击工具栏中的 图标;③使用快捷键 P+G。

选择上述任意一种方法,设置覆铜,系统弹出如图 9-22 所示的"Polygon Pour"对话框。"Polygon Pour"对话框中各项的主要含义如下。

1. "Fill Mode"栏

● "Solid(Copper Regions)"选项:覆铜区域内为全铜敷设模式。需要设置删除岛的面积限制值及凹槽宽度等。

● "Hatched(Tracks/Arcs)"选项:覆铜区域内为网络状的覆铜模式。需要设置栅格线的宽度、网格尺寸、围绕焊盘的形状及覆铜方式。

● "None(Outlines Only)"选项:只有覆铜边界而内部没有填充的模式。需要设置覆铜编辑线宽度及围绕焊盘的形状。

2. "Properties"栏

● "Layer"下拉列表:设置覆铜的层。

● "Min Prim Length"文本框:设置最小组件的长度。

● "Lock Primitives"复选项:设置是否锁定组件。

3. "Net Options"栏

● "Connect to Net"下拉列表:设置覆铜连接的网络。

● "Don't Pour Over Same Net Objects"列表项:覆铜的内部填充不与同网络的对象及覆铜边界相连。

● "Pour Over All Same Net Objects"列表项:覆铜的内部填充与覆铜边界及同网络的所有对象相连。

● "Pour Over Same Net Polygons Only"列表项:覆铜的内部填充只与覆铜边界及同网络的焊盘相连。

● "Remove Dead Copper"复选项:设置是否删除死铜。

9.5.2 调整覆铜

覆好铜之后,如果用户需要对覆铜进行调整,具体的步骤如下。

(1)执行"Edit"→"Move"→"Polygon Vertices"命令,鼠标指针变为十字光标,在覆铜的区域内单击,删除原来的覆铜,并且出现覆铜边框。

(2)单击调整覆铜边框线的控点,移动控点来调整覆铜边框线,如图 9-23 所示。

图 9-21 设置覆铜菜单命令

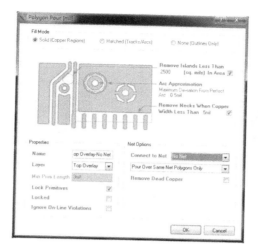

图 9-22 "Polygon Pour"对话框

图 9-23 调整覆铜边框线

（3）重新调整好覆铜的区域后，右击，结束调整，系统出现如图 9-24 所示的提示框。

单击"Yes"按钮，系统会按照重新设置的覆铜区域进行覆铜；单击"No"按钮，继续修改覆铜边框，修改完成后右击，结束调整操作。

图 9-24 调整覆铜提示框

 9.6 补泪滴的应用

在导线与焊盘或者过孔的连接处，一般需要补泪滴，来消除连接处的直角并且加大连接面。放置泪滴后，当电路板在受外力冲击的时候，可以避免导线与焊盘或过孔之间的连接点断开。

图 9-25 "Teardrop Options"对话框

补泪滴的具体步骤如下。

（1）执行"Tools"→"Teardrops"命令，系统弹出如图 9-25 所示的"Teardrop Options"对话框。

"Teardrop Options"对话框中各项的含义如下。

● "All Pads"复选项：如果勾选该复选项，则会对所有的焊盘添加泪滴。

● "All Vias"复选项：如果勾选该复选项，则会对所有的过孔添加泪滴。

● "Selected Objects Only"复选项：如果勾选该复选项，则会对选中的对象添加泪滴。

● "Force Teardrops"复选项：如果勾选该复选项，则会强制对所有的焊盘或过孔添加泪滴。

● "Create Report"复选项：如果勾选该复选项，则添加泪滴之后，会自动生成一个与补泪滴有关的报表文件。

● "Add"选项：用于添加泪滴。

● "Remove"选项：用于删除泪滴。

● "Arc"选项：用弧添加泪滴。

● "Track"选项：用线添加泪滴。

（2）单击"OK"按钮完成设置，系统进行补泪滴。

补泪滴前后，焊盘与导线的连接分别如图 9-26 和图 9-27 所示。

图 9-26 补泪滴前

图 9-27 补泪滴后

 9.7 电路板上文字的制作

在制作电路板时，需要在电路板上添加一些字符串来说明电路板的功能等。这些字符串不具有电气功能，因此可以放在机械层或者丝印层。

9.7.1 放置字符串

放置字符串的基本步骤如下。

（1）执行"Place"→"String"命令，或者单击工具栏中的 **A** 图标，此时鼠标指针变为悬浮着字符串的十字光标，如图 9-28 所示。

（2）在图纸合适的位置单击，完成字符串的放置。

（3）当字符串还处于待放置状态时按 Tab 键，或者放置完成后双击字符串，系统弹出如图 9-29 所示的"String"对话框。

图 9-29 "String"对话框

图 9-28 放置字符串

"String"对话框中各项的含义如下。

● Width：用于设置字符串的文字显示宽度。

● Height：用于设置字符串的文字显示高度。

● Rotation：用于设置字符串的旋转角度。

● Text：用于设置字符串的文本显示内容。

● Layer:用于设置字符串所在的层。

● Font:用于设置字符串的文字字体。有三种可供用户选择:"True Type""Stroke"及"BarCode"。

9.7.2 字符串的基本操作

1. 选取字符串

单击字符串,该字符串就处于选取状态,如图9-30所示。

图9-30 字符串的选取状态

2. 旋转字符串

用鼠标拖动字符串,使字符串处于待放置状态,按Space键,就可以旋转字符串。

9.8 放置原点与跳跃

在PCB编辑界面中,系统本身有一个坐标系,它的坐标原点称为绝对原点,位于编辑界面的左下角。设置电路板时,如果使用绝对坐标,则会比较麻烦。因此用户可以自己建立坐标系,设置坐标原点,这个坐标原点称为相对原点。

具体的步骤是:执行"Edit"→"Origin"→"Set"命令,鼠标指针变为十字光标,将十字光标移到图纸合适的位置,单击,就完成了相对原点的放置。如果用户想要恢复绝对原点,则可以通过执行"Edit"→"Origin"→"Reset"命令来实现。

9.9 电路板距离测量

Altium Designer Summer 09提供了测量工具,便于进行电路检查。测量工具通过"Reports"菜单命令调用,如图9-31所示。

电路板距离测量包括测量电路板上两点间的距离、测量电路板上对象间的距离及测量电路板上导线的长度。下面对它们分别进行详细的介绍。

1. 测量电路板上两点间的距离

测量电路板上两点间距离的具体步骤如下。

(1)执行"Reports"→"Measure Distance"命令,鼠标指针变为十字光标。

(2)移动十字光标到一个坐标点上,单击,确定测量的起点。

(3)继续移动十字光标到另外一个坐标点上,单击,确定测量的终点。当光标移动到了某个对象上时,系统会自动捕捉该对象的中心点。

(4)系统弹出如图9-32所示的测量结果对话框。该对话框中包含了测量的总距离,以及X方向上的距离和Y方向上的距离。

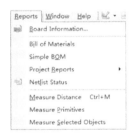

图9-31 "Reports"菜单命令

图9-32 测量结果对话框

(5) 单击"OK"按钮,然后右击,退出测量电路板上两点间的距离的操作。

2. 测量电路板上对象间的距离

测量电路板上对象间的距离的具体步骤如下。

(1) 执行"Reports"→"Measure Primitives"命令,鼠标指针变为十字光标。

(2) 移动十字光标到一个对象(元件、焊盘、过孔等)上,此时系统会自动捕捉该对象的中心点,单击,确定测量的起点。

(3) 继续移动十字光标到另外一个对象上,单击,确定测量的终点。

(4) 此时,系统弹出如图 9-33 所示的测量结果对话框。该对话框中包含了对象的层属性、坐标及距离的测量结果。

(5) 单击"OK"按钮,然后右击,退出测量电路板上对象间的距离的操作。

3. 测量电路板上导线的长度

测量电路板上导线的长度的具体步骤如下。

(1) 选择要测量的导线。

(2) 执行"Reports"→"Measure Selected Objects"命令,系统弹出如图 9-34 所示的测量结果对话框。

图 9-33　测量结果对话框　　　　图 9-34　测量结果对话框

(3) 单击"OK"按钮,然后右击,退出测量电路板上导线的长度的操作。

 9.10　库文件操作

元件在 PCB 中是以元件封装的形式表示的,打开元件封装库编辑界面的步骤如下。

(1) 在当前项目下,执行"File"→"New"→"Library"→"PCB Library"命令,如图 9-35 所示。

(2) 在新建的 PCB 库文件上右击,弹出如图 9-36 所示的快捷菜单,执行"Save As"命令,用户可以对该 PCB 库文件进行重命名,然后保存文件。

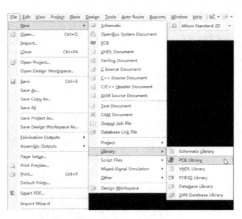

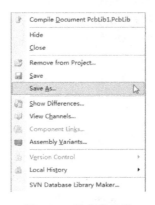

图 9-35　新建元件封装库菜单命令　　　　图 9-36　保存库文件

（3）新建了 PCB 库文件之后，系统就自动在当前界面打开了该库文件，元件封装库编辑界面如图 9-37 所示。

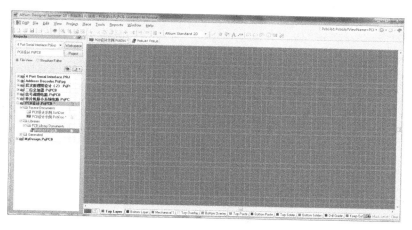

图 9-37 元件封装库编辑界面

PCB 库编辑界面与原理图库编辑界面类似，主要由标题栏、工具栏、工作面板、状态栏及工作区等组成。

 ## 9.11　电路板的报表输出

PCB 设计完成后，用户可以根据需要生成一系列的报表文件。不同的报表文件有着不同的功能，这些报表文件能为后期的制作、元件采购等提供方便。

9.11.1　PCB 图的网络表文件

下面以生成"4 Port Serial Interface. PcbDoc"的网络表文件为例，详细介绍如何生成 PCB 图的网络表文件。

（1）执行"Design"→"Netlist"→"Export Netlist From PCB"命令，如图 9-38 所示。

（2）系统弹出如图 9-39 所示的确认对话框。

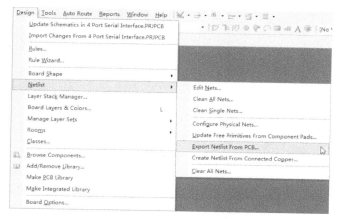

图 9-38　生成 PCB 图的网络表文件菜单命令

图 9-39　确认对话框

（3）在图 9-39 所示的确认对话框中单击"Yes"按钮进行确认。系统生成 PCB 图的网络表文件"Exported 4 Port Serial Interface. Net",且自动在当前界面打开,如图 9-40 所示。

9.11.2 PCB 信息报表

(1)执行"Reports"→"Board Information"命令,系统弹出如图 9-41 所示的"PCB Information"对话框。

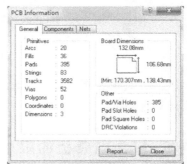

图 9-40 PCB 图的网络表文件   图9-41 "PCB Information"对话框

(2)"PCB Information"对话框的"General"选项卡中,显示的是电路板的大小、各个组件的数量及违反设计规则的组件的数量等信息。

(3)"PCB Information"对话框的"Components"选项卡中显示的是电路板上元件的序号及元件所在的层等信息,如图 9-42 所示。

(4)"PCB Information"对话框的"Nets"选项卡中,显示的是电路板上所有网络的信息,如图 9-43 所示。

图 9-42 "Components"选项卡   图 9-43 "Nets"选项卡

单击"Nets"选项卡中的"Pwr/Gnd"按钮,系统弹出如图 9-44 所示的"Internal Plane Information"对话框,对于双面板而言,该对话框是空白的。

(5)单击"Nets"选项卡中的"Report"按钮,系统弹出如图 9-45 所示的"Board Report"对话框。

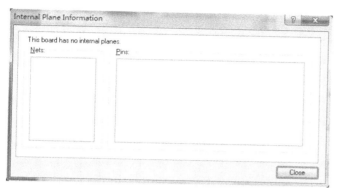

图 9-44　"Internal Plane Information"对话框

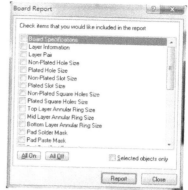

图 9-45　"Board Report"对话框

在"Board Report"对话框中,单击"All On"按钮,将勾选所有选项;单击"All Off"按钮,取消勾选所有选项;如果勾选"Selected objects only"复选项,则 PCB 信息报表里只显示选中对象的信息。

(6)单击"All On"按钮,然后单击"Report"按钮,系统生成扩展名为".html"的 PCB 信息报表,如图 9-46 所示。

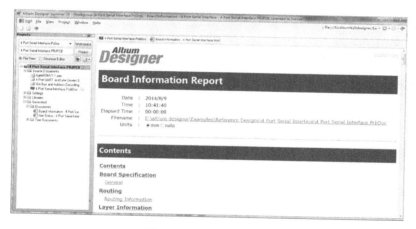

图 9-46　PCB 信息报表

9.11.3　元件报表

执行"Reports"→"Bill of Materials"命令,系统弹出如图 9-47 所示的元件报表对话框。

在元件报表对话框中,可以对要生成的元件报表进行设置。左边的两个列表框的含义分别如下。

● "Grouped Columns"列表框:用于设置元件的分类标准。用户可以将"All Columns"列表框中的属性信息拖到该列表框中,然后系统将按照该属性信息标准对元件进行分类。

● "All Columns"列表框:显示了所有元件属性信息。用户如果需要查看某项信息,则可以勾选该项,从而信息在元件报表上显示出来。

设置完成后,单击图 9-47 中的"Export"按钮,生成元件报表文件,保存文件。

此外,Altium Designer 还可以生成简易元件报表,具体方法是:执行"Reports"→"Simple BOM"命令,系统生成两个元件报表文件,后缀名分别为".BOM"和".CSV"。这两

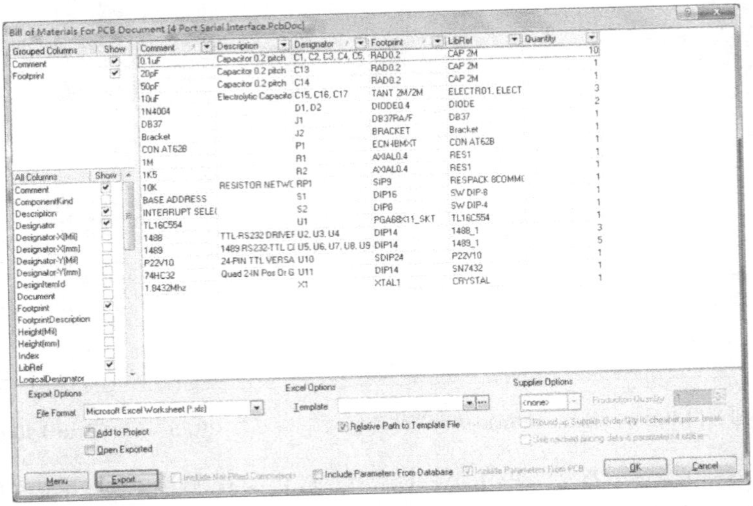

图 9-47　元件报表对话框

个文件都被放到当前项目的生成文件夹中,双击打开文件,分别如图 9-48 和图 9-49 所示。

图 9-48　简单元件报表的 BOM 文件

图 9-49　简单元件报表的 CSV 文件

9.11.4 网络表状态报表

网络表状态报表显示了当前 PCB 文件中的所有网络,以及网络所在的层和网络中的导线长度。生成网络表状态报表的方法是:执行"Reports"→"Netlist Status"命令,系统生成扩展名为".html"的网络表状态报表,如图 9-50 所示。

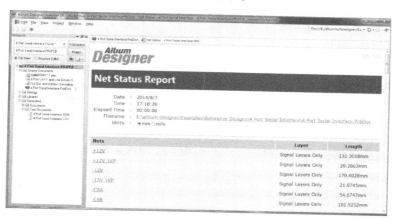

图 9-50 网络表状态报表

9.12 打印

在打印 PCB 文件之前,需要对页面和打印输出属性进行设置。打印的具体步骤如下。

(1) 执行"File"→"Page Setup"命令,系统弹出如图 9-51 所示的"Composite Properties"对话框。

"Composite Properties"对话框中各项的含义如下。

● "Printer Paper":用于设置打印纸的大小及打印方向。

● "Scaling":用于设置打印内容与实际尺寸的大小比例。有两种模式可供用户选择,即"Scaled Print"和"Fit Document On Page"。如果选择"Scaled Print"模式,用户可以自行设置比例的大小,在"Scale"中设置比例大小,整张原理图会以用户设置的比例进行打印,可能在一张纸上打印出来,也可能在多张纸上打印出来。如果选择"Fit Document On Page"模式,系统会自动调整比例,从而将整张原理图打印在一张图纸上。

● "Corrections":用于对打印的比例进行修正。

● "Margins"栏:用于设置水平页边距和垂直页边距。当不勾选右侧的"Center"复选项时,用户可以任意设置。

● "Color Set"栏:用于设置打印的颜色,有三种颜色可供用户选择,即"Mono""Color"和"Gray"。

● "Advanced"按钮:单击该按钮,系统弹出如图 9-52 所示的"PCB Printout Properties"对话框。

(2) 双击"PCB Printout Properties"对话框中"Multilayer Composite Print"前面的页面图标,系统弹出如图 9-53 所示的"Printout Properties"对话框。

"Printout Properties"对话框的"Layers"列表框中显示的是将打印的层,系统默认打印所有的层。用户可以根据实际需要,通过单击下面的按钮对层进行添加、删除或者编辑等操作。

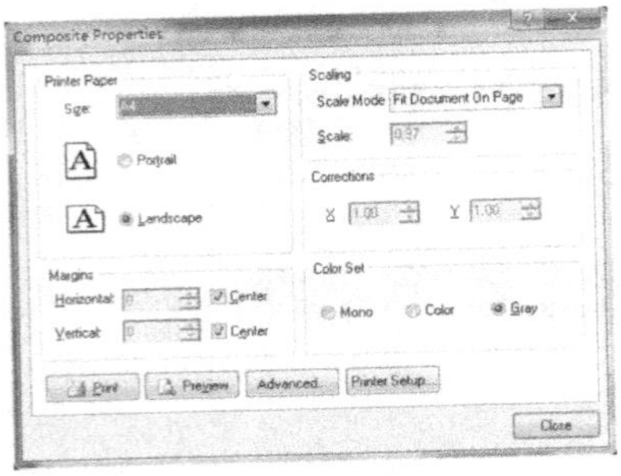

图 9-51 "Composite Properties"对话框

图 9-52 "PCB Printout Properties"对话框

（3）单击"Printout Properties"对话框中的"Add"按钮或者"Edit"按钮，系统弹出如图9-54所示的"Layer Properties"对话框。

在"Layer Properties"对话框中可以对各层属性进行设置。在每个层中，可以对每个图元进行打印设置，系统提供了"Full""Draft"及"Hide"三种打印方式。"Full"表示打印该类图元的所有图形画面，"Draft"表示只打印该类图元的外形轮廓，"Hide"表示隐藏该类图元。

图 9-53 "Printout Properties"对话框

图 9-54 "Layer Properties"对话框

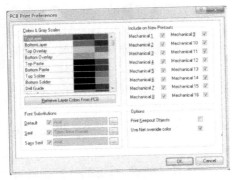

图 9-55 "PCB Print Preferences"对话框

（4）设置好"Printout Properties"对话框和"Layer Properties"对话框中的各项后，回到"PCB Printout Properties"对话框。单击"Preferences"按钮，系统弹出如图 9-55 所示的"PCB Print Preferences"对话框。

在"PCB Print Preferences"对话框中，用户可以设置彩色打印或黑白打印时各层的彩色或灰度。

（5）设置完成后，单击"OK"按钮。执行"Files"→"Print"命令，或者单击工具栏中的 🖨 图标，进行打印。

9.13　典型实例

9.13.1　实例 9-1：PCB 覆铜

（1）打开"E:\altium designer\Examples\Reference Designs\4 Port Serial Interface"目录下的"4 Port Serial Interface.PcbDoc"文件，如图 9-56 所示。

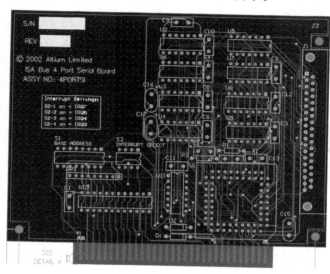

图 9-56　布好线的 PCB 文件

（2）执行"Place"→"Polygon Pour"命令，系统弹出如图 9-57 所示的"Polygon Pour"对话框。

（3）用户根据实际需要设置好各项参数后，单击"OK"按钮，此时鼠标指针变为十字光标，按住鼠标左键，逐一确定需要覆铜区域的边界线，右击，完成覆铜操作。顶层覆铜完成后的效果图如图 9-58 所示。

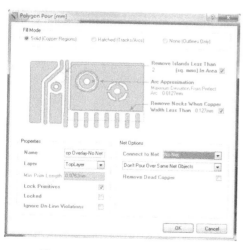

图 9-57　"Polygon Pour"对话框

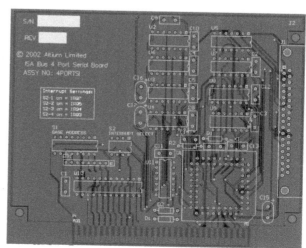

图 9-58　顶层覆铜后的效果图

9.13.2 实例9-2:PCB补泪滴

（1）打开一个布好线的PCB文件，如图9-59所示。

（2）执行"Design"→"Teardrops"命令，系统弹出"Teardrop Options"对话框。

（3）单击"Teardrop Options"对话框中的"OK"按钮，系统将进行补泪滴操作，完成后的效果图如图9-60所示。

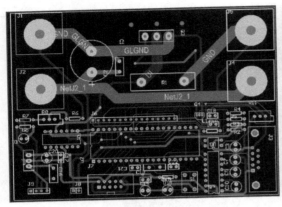

图9-59 布好线的PCB文件

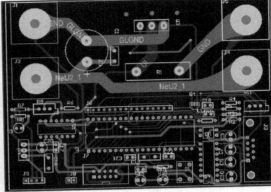

图9-60 补泪滴后的效果图

本 章 小 结

本章主要介绍了PCB设计系统的一些常用的操作，包括窗口操作、元件封装的放置及属性设置、覆铜和补泪滴的应用、电路板上文字的操作、电路板的距离测量、电路板的各种报表输出等。

第10章 PCB 设计规则与信号分析

10.1 设计规则概述

在对电路板进行布线之前,需要对电路板的设计规则进行设置。设计规则的设置直接关系到电路板布线的成功率。对设计规则的设置取决于设计者的电路设计经验。

执行如图 10-1 所示的"Design"→"Rules"菜单命令,系统弹出如图 10-2 所示的"PCB Rules and Constraints Editor"对话框。

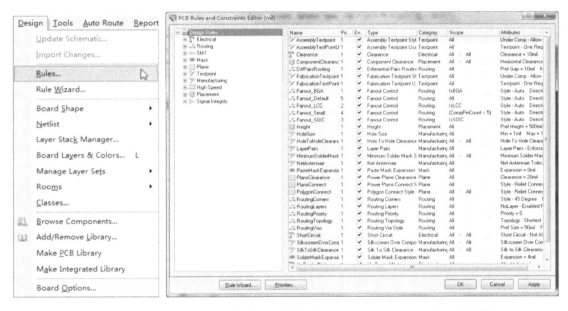

图 10-1 "Design"→"Rules" 菜单命令

图 10-2 "PCB Rules and Constraints Editor"对话框

在"PCB Rules and Constraints Editor"对话框中,主要包括以下规则:电气规则、布线规则、与制造相关的规则、布局规则及信号完整性规则等。

10.2 电气规则

电气规则主要包括"Clearance"(安全间距规则)、"Short-Circuit"(短路规则)、"Un-Routed Net"(未布线网络规则)及"Un-Connected Pin"(未连接引脚规则)。选择"PCB Rules and Constraints Editor"对话框中的"Electrical"选项,对话框右侧只显示该类的设计规则,如图 10-3 所示。

10.2.1 安全间距规则

安全间距,是指具有导电性质的图件之间的最小距离,一般包括导线与导线之间的距离、过孔与过孔之间的距离、焊盘与焊盘之间的距离、导线与过孔之间的距离、导线与焊盘之间的距离、过孔与焊盘之间的距离等。对于 PCB 板来说，元件之间的距离不能过大，否则制作电路板的成本会很高；元件之间的距离也不能太小，否则会在高电压的情况下发生击穿短路。因此，安全间距应该选择得当，通常情况下，选择 10~20 mil。在有强电的情况下，应该选择大的安全间距，以免发生击穿。

在"Electrical"选项下选择"Clearance"，单击"Clearance"规则，系统显示该项规则的详细信息，如图 10-4 所示。

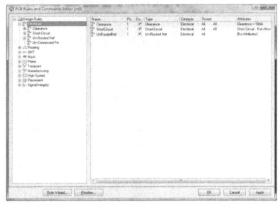

| 图 10-3 "Electrical"选项 | 图 10-4 "Clearance"规则 |

在"Clearance"规则中，各项的含义如下。

● "Where The First Object Matches"栏：用于设置该规则优先应用的对象。应用的对象有"All""Net""Net Class""Layer""Net and Layer"及"Advanced（Query）"六类可供用户选择。选中某一类对象后，可以在该栏右边的下拉列表中选择某一个对象，也可以在右侧的"Full Query"栏中添加相应的对象。系统默认的是"All"类对象。

● "Where The Second Object Matches"栏：用于设置该规则其次应用的对象。可选择的对象与"Where The First Object Matches"栏的一致，一般采用系统默认的"All"类。

● "Constraints"栏：用于设置最小安全间距，系统默认的是 10 mil。

10.2.2 短路规则

短路规则，用于设置在 PCB 板上是否可以出现短路的情况。在"Electrical"选项下选择"Short-Circuit"规则，系统显示该项规则的详细信息，如图 10-5 所示。

一般情况下，不允许在 PCB 板上出现短路的情况。设置好规则后，具有不同网络标号的对象相交时会违反该规则。在实际的电路设计中，比如有几个接地网络之间需短接到同一点，那么必须要为它们重新添加一条新规则，在该规则中允许出现短路的情况。

10.2.3 未布线网络规则

未布线网络规则，用于设置 PCB 板上是否允许出现未连通的网络。在"Electrical"选项下选择"Un-Routed Net"规则，系统显示该项规则的详细信息，如图 10-6 所示。

图 10-5 "Short-Circuit"规则

图 10-6 "Un-Routed Net"规则

10.2.4 未连接引脚规则

未连接引脚规则,用于设置检查元件的引脚是否出现没有连接的情况。系统在默认状态下没有该规则,用户可根据需要自行添加。

 ## 10.3 布线规则

布线规则用于设置自动布线过程中的规则,包括"Width"(线宽规则)、"Routing Topology"(布线拓扑规则)及"Routing Priority"(布线优先级规则)等八种规则。单击"Routing"选项,对话框右侧只显示该类的设计规则,如图 10-7 所示。

10.3.1 线宽规则

线宽规则,用于设置走线宽度。走线宽度是指 PCB 铜膜走线的实际宽度,分为最小允许值、最大允许值和首选值。走线宽度不能太大,否则会提高电路板的成本。通常情况下,走线宽度设置在 10～20 mil 之间,设计者可以根据不同的电路板设置不同的走线宽度。

在"Routing"选项下选择"Width"规则,系统显示该项规则的详细信息,如图 10-8 所示。

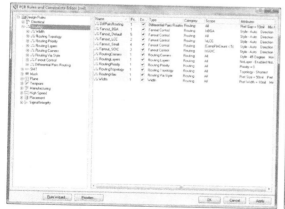

图 10-7 "Routing"选项

图 10-8 "Width"规则

在"Width"规则中,各项的含义如下。

● "Where The First Object Matches"栏:用于设置该规则优先应用的对象。应用的对象有"All""Net""Net Class""Layer""Net and Layer"及"Advanced(Query)"六类可供用户选择。选中某一类对象后,可以在该栏右边的下拉列表中选择某一个对象,也可以在右侧的"Full Query"栏中添加相应的对象。系统默认的是"All"类对象。

● "Constraints"栏:用于设置走线宽度。勾选"Layers in layerstack only"复选项,系统将列出当前层栈中使用层的走线宽度规则设置。如果取消勾选该复选项,那么就是对所有层的走线宽度进行设置。走线宽度分为"Min Width"(最小线宽)、"Max Width"(最大线宽)及"Preferred Width"(首选线宽)三种。勾选"Characteristic Impedance Driven Width"复选项,系统将显示其阻抗驱动属性,在高频高速布线过程中,这是一个很重要的布线属性。阻抗驱动属性分为"Minimum Impedance"(最小阻抗)、"Maximum Impedance"(最大阻抗)及"Preferred Impedance"(首选阻抗)三种。

10.3.2 布线拓扑规则

布线拓扑规则,用于设置走线的拓扑结构。

在"Routing"选项下选择"Routing Topology"规则,系统显示该项规则的详细信息,如图10-9所示。

在设置该规则时,可以设置一个网络中走线的拓扑结构,各种走线拓扑结构如图10-10所示。

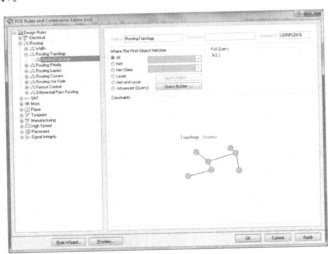

图 10-9 "Routing Topology"规则

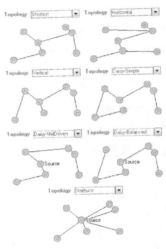

图 10-10 各种走线拓扑结构

10.3.3 布线优先级规则

布线优先级规则,用于设置走线优先级。

在"Routing"选项下选择"Routing Priority"规则,系统显示该项规则的详细信息,如图10-11所示。

在图10-11所示的对话框中可以设置网络的走线优先级。由于PCB板的空间有限,有的时候可能需要在同一空间走若干根导线,因此可以通过设置走线的优先级来决定导线占用空间的先后。Altium Designer Summer 09 提供了 101 种优先级,0 表示优先级最低,100

表示优先级最高。

10.3.4 布线层规则

布线层规则,用于设置允许该布线规则的层。

在"Routing"选项下选择"Routing Layers"规则,系统显示该项规则的详细信息,如图10-12所示。

图 10-11 "Routing Priority"规则

图 10-12 "Routing Layers"规则

10.3.5 布线拐角规则

布线拐角规则,用于设置导线拐角的形式。

在"Routing"选项下选择"Routing Corners"规则,系统显示该项规则的详细信息,如图10-13所示。

在"Routing Corners"规则中,有三种拐角形式可供用户选择,如图10-14所示。

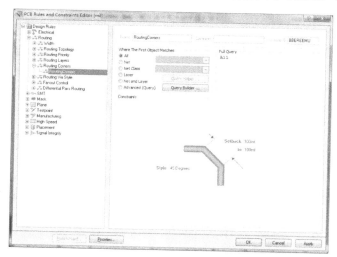

图 10-13 "Routing Corners"规则

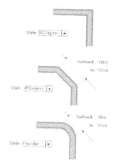

图 10-14 三种拐角式

一般选择 45°拐角形式。当然,用户可以根据实际需要对每个网络或层等进行拐角形式的设置。

10.3.6 布线过孔样式规则

布线过孔样式规则,用于设置走线时的过孔形式。

在"Routing"选项下选择"Routing Via Style"规则,系统显示该项规则的详细信息,如图10-15所示。

在图10-15所示的对话框中,可以设置过孔直径和过孔孔径。它们都有三种尺寸需要定义,即"Minimum"(最小尺寸)、"Maximum"(最大尺寸)及"Preferred"(首选尺寸)。系统默认的过孔直径是50 mil,过孔孔径是28 mil。用户可以根据不同的元件设置过孔的尺寸。

10.3.7 布线扇出控制规则

布线扇出控制规则,用于设置走线时的扇出输出形式。

在"Routing"选项下选择"Fanout Control"规则,已经有五个定义好的该类规则,单击各规则,系统显示该项规则的详细信息,如图10-16所示。

| 图 10-15 | "Routing Via Style"规则 | 图 10-16 | "Fanout Control"规则 |

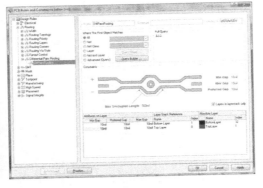

图 10-17 "Differential Pairs Routing"规则

在图10-16所示的对话框中,可以设置PCB中使用的扇出输出形式。用户可以为每一个引脚、每一个元件甚至整个PCB板设置扇出输出形式。

10.3.8 差分对布线规则

差分对布线规则,用于设置差分对走线形式。

在"Routing"选项下选择"Differential Pairs Routing"规则,系统显示该项规则的详细信息,如图10-17所示。

10.4 SMT 规则

SMT规则用于设置表面安装型元件的走线规则,包括"SMD To Corner"(SMD到拐角规则)、"SMD To Plane"(SMD到电源层规则)及"SMD Neck-Down"(SMD瓶颈规则)三种规则。系统默认没有定义该类规则,如图 10-18 所示。

10.4.1 SMD 到拐角规则

SMD 到拐角规则,用于设置表面安装元件焊盘到导线拐角间的最小距离。

在"SMT"选项下选择"SMD To Corner"规则,此时系统默认没有定义该项规则,用户可以在"SMD To Corner"上右击,执行"New Rule"命令,单击新添加的"SMD To Corner"规则,系统显示该项规则的详细信息,如图10-19所示。

图 10-18 "SMT"选项

图 10-19 "SMD To Corner"规则

通常,走线时引入拐角会导致电信号反射,从而引起信号之间的串扰,因此需限制从焊盘引出的信号传输线到拐角的距离,以减小信号串扰。用户可以对每一个焊盘、每一个网络甚至这个 PCB 板设置拐角和焊盘之间的距离,默认间距是 0 mil。

10.4.2 SMD 到电源层规则

SMD 到电源层规则,用于设置表面安装元件的焊盘与中间层的间距规则。

在"SMT"选项下选择"SMD To Plane"规则,此时系统默认没有定义该项规则,用户可以在"SMD To Plance"上右击,执行"New Rule"命令,单击新添加的"SMD To Plane"规则,系统显示该项规则的详细信息,如图 10-20 所示。

该"SMD To Plane"规则设置一般出现在电源层向芯片的电源引脚供电的场合。用户可以对每一个焊盘、每一个网络甚至这个 PCB 板设置焊盘和中间层之间的距离,默认间距是 0 mil。

10.4.3 SMD 瓶颈规则

SMD 瓶颈规则,用于设置表面安装元件的焊盘宽度与导线宽度的比例限制范围。

在"SMT"选项下选择"SMD Neck-Down"规则,此时系统默认没有定义该项规则,用户可以在"SMD Neck-Down"上右击,执行"New Rule"命令,单击新添加的"SMD Neck-Down"规则,系统显示该项规则的详细信息,如图 10-21 所示。

在"SMD Neck-Down"规则中可以设置导线线宽上限占焊盘宽度的百分比,一般走线总是比焊盘小。用户可以对每一个焊盘、每一个网络甚至这个 PCB 板设置焊盘上的走线宽度与焊盘宽度之间的最大比例,默认比例是 50%。

图 10-20 "SMD To Plane"规则　　　　图 10-21 "SMD Neck-Down"规则

10.5　阻焊规则

图 10-22 "Mask"选项

阻焊规则包括"Solder Mask Expansion"（阻焊扩张规则）和"Paste Mask Expansion"（阻粘扩张规则）。选择"Mask"选项，对话框右侧只显示该类的设计规则，如图 10-22 所示。

10.5.1　阻焊扩张规则

阻焊扩张规则，用于设置阻焊层与焊盘之间的间距规则。

在"Mask"选项下选择"Solder Mask Expansion"规则，系统显示该规则的详细信息，如图 10-23 所示。

通常，为了方便焊接，阻焊剂铺设范围与焊盘之间需要预留一定的空间。用户可以对每一个焊盘、每一个网络甚至这个 PCB 板设置该间距，默认间距是 4 mil。

10.5.2　阻粘扩张规则

阻粘扩张规则，用于设置锡膏防护层与焊盘之间的间距规则。

在"Mask"选项下选择"Paste Mask Expansion"规则，系统显示该规则的详细信息，如图 10-24 所示。

在"Paste Mask Expansion"规则中用户可以对每一个焊盘、每一个网络甚至这个 PCB 板设置该间距，默认间距是 0 mil。

| 图 10-23 | "Solder Mask Expansion"规则 | 图 10-24 | "Paste Mask Expansion"规则 |

 ## 10.6 平面层规则

平面层规则包括"Power Plane Connect Style"（电源层连接样式规则）、"Power Plane Clearance"（电源层间距规则）及"Polygon Connect Style"（多边形连接样式规则）。选择"Plane"选项，对话框右侧只显示该类的设计规则，如图 10-25 所示。

10.6.1 电源层连接样式规则

电源层连接样式规则，用于设置电源层的连接样式。

在"Plane"选项下选择"Power Plane Connect Style"规则，系统显示该规则的详细信息，如图 10-26 所示。

 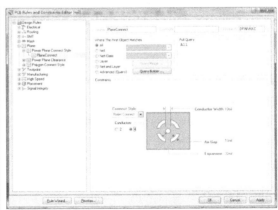

图 10-25　"Plane"选项　　　　图 10-26　"Power Plane Connect Style"规则

"Power Plane Connect Style"规则中各项的含义如下。

● "Connect Style"：有三种连接类型可供用户选择，即"Relief Connect"（使用散热焊盘的方式与焊盘或钻孔连接）、"Direct Connect"（电源层与元件的引脚通过实心的铜箔相连）和"No Connect"（电源层与元件引脚不相连）。

● "Conductors"：散热焊盘组成导体的数量，默认值为4。

● "Conductor Width"：散热焊盘组成导体的宽度，默认值为 10 mil。

135

- "Air-Gap"：散热焊盘钻孔与导体之间的空气间隙宽度，默认值是 10 mil。
- "Expansion"：钻孔的边缘与散热导体之间的距离，默认值为 20 mil。

10.6.2　电源层间距规则

电源层间距规则，用于设置通孔通过电源层时的间距。

在"Plane"选项下选择"Power Plane Clearance"规则，系统显示该规则的详细信息，如图 10-27 所示。

如果电路板中有内电源层，那么所有的穿透式焊盘和过孔都要穿过电源层。因为电源层整块都覆铜，因此在焊盘和过孔的铜膜与电源层的铜膜之间要有一定的间距，以免发生短路情况。

10.6.3　多边形连接样式规则

多边形连接样式规则，用于设置元件焊盘以哪种方式连接到覆铜。

在"Plane"选项下选择"Polygon Connect Style"规则，系统显示该规则的详细信息，如图 10-28 所示。

 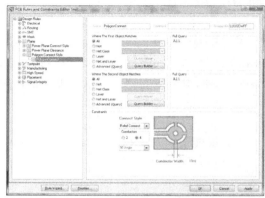

图 10-27　"Power Plane Clearance"规则　　　图 10-28　"Polygon Connect Style"规则

在"Polygon Connect Style"规则中，各项的含义如下。

- "Connect Style"：有三种连接方式可供用户选择，即"Relief Connect"（使用散热焊盘的方式与焊盘或过孔连接）、"Direct Connect"（覆铜与焊盘通过实心的铜箔相连）及"No Connect"（覆铜与焊盘不相连）。
- "Conductors"：散热焊盘组成导体的数量，默认值为 4。
- "Conductor Width"：散热焊盘组成导体的宽度，默认值为 10 mil。
- "Angle"：散热焊盘组成导体的角度，默认值为 90°。

10.7　测试点规则

测试点规则包括"Fabrication Testpoint Style"（加工测试点样式规则）、"Fabrication Testpoint Usage"（加工测试点用法规则）、"Assembly Testpoint Style"（装配测试点样式规则）及"Assembly Testpoint Usage"（装配测试点用法规则）。选择"Testpoint"选项，对话框右侧只显示该类的设计规则，如图 10-29 所示。

10.7.1　加工测试点样式规则

加工测试点样式规则，用于设置加工测试点的样式。

在"Testpoint"选项下选择"Fabrication Testpoint Style"规则,系统显示该规则的详细信息,如图 10-30 所示。

图 10-29 "Testpoint"选项

图 10-30 "Fabrication Testpoint Style"规则

10.7.2 加工测试点用法规则

加工测试点用法规则,用于设置哪些焊盘或过孔作为加工测试点,以及设置哪些网络需要加工测试点。

在"Testpoint"选项下选择"Fabrication Testpoint Usage"规则,系统显示该规则的详细信息,如图 10-31 所示。

在"Fabrication Testpoint Usage"规则中,"Testpoint(s)"下有三个选项。

● "Required":进行规则检查时,系统给出提示信息。

● "Prohibited":进行规则检查时,禁止使用测试点。

● "Don't Care":进行规则检查时,不检查测试点。

10.7.3 装配测试点样式规则

装配测试点样式规则,用于设置装配测试点的样式。

在"Testpoint"选项下选择"Assembly Testpoint Style"规则,系统显示该规则的详细信息,如图 10-32 所示。

图 10-31 "Fabrication Testpoint Usage"规则

图 10-32 "Assembly Testpoint Style"规则

图 10-33　"Assembly Testpoint Usage"规则

10.7.4　装配测试点用法规则

装配测试点用法规则，用于设置哪些焊盘或过孔作为装配测试点，以及设置哪些网络需要装配测试点。

在"Testpoint"选项下选择"Assembly Testpoint Usage"规则，系统显示该规则的详细信息，如图 10-33 所示。

10.8　与制造相关的规则

与制造相关的规则包括"Minimum Annular Ring"（最小环孔限制规则）、"Acute Angle"（锐角限制规则）、"Hole Size"（孔尺寸限制规则）、"Layer Pairs"（层对规则）、"Hole To Hole Clearance"（孔间间距规则）、"Minimum Solder Mask Sliver"（最小阻焊间隙规则）、"Silkscreen Over Component Pads"（丝印与阻焊间距规则）、"Silk To Silk Clearance"（丝印间距规则）及"Net Antennae"（网络天线规则），本节将以前四种规则为例进行介绍。选择"Manufacturing"选项，对话框右侧只显示该类的设计规则，如图 10-34 所示。

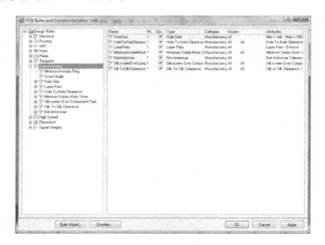

图 10-34　"Manufacturing"选项

10.8.1　最小环孔限制规则

最小环孔限制规则，用于设置环状图元内外径间距下限。

在"Manufacturing"选项下选择"Minimum Annular Ring"规则，此时系统默认没有定义该项规则，用户可以在"Minimum Annular Ring"上右击，执行"New Rule"命令，单击新添加的"Minimum Annular Ring"规则，系统显示该规则的详细信息，如图 10-35 所示。其默认值为 10 mil。

在 PCB 中，环状图元的内外径之间的差如果太小，工艺无法制造，则设计是无效的。通过"Minimum Annular Ring"规则可以检查出所有工艺无法达到的环状物。

10.8.2 锐角限制规则

锐角限制规则,用于设置锐角走线角度设置。

在"Manufacturing"选项下选择"Acute Angle"规则,此时系统默认没有定义该项规则,用户可以在"Acute Angle"上右击,执行"New Rule"命令,单击新添加的"Acute Angle"规则,系统显示该规则的详细信息,如图 10-36 所示。

图 10-35 "Minimum Annular Ring"规则

图 10-36 "Acute Angle"规则

在 PCB 中,如果走线角度太小,工艺无法制造,则设计是无效的。通过"Acute Angle"规则可以检查出所有工艺无法达到的锐角走线。

10.8.3 孔尺寸限制规则

孔尺寸限制规则,用于设置钻孔孔径的上限和下限。

在"Manufacturing"选项下选择"Hole Size"规则,系统显示该规则的详细信息,如图 10-37 所示。

在 PCB 中,如果钻孔孔径太小,工艺无法制造,则设计是无效的。通过该规则可以检查出所有工艺无法达到的孔径尺寸。

"Hole Size"规则中各项的含义如下。

● "Measurement Method":用于设置度量孔径尺寸的方法。有两种方法可供用户选择,即"Absolute"(绝对值)和"Percent"(百分数)。

● "Minimum":用于设置孔径最小值。

● "Maximum":用于设置孔径最大值。

10.8.4 层对规则

层对规则,用于检查所有的工作层对是否与当前的钻孔对匹配。

在"Manufacturing"选项下选择"Layer Pairs"规则,系统显示该规则的详细信息,如图 10-38 所示。

图 10-37　"Hole Size"规则　　　　　　图 10-38　"Layer Pairs"规则

　　"Layer Pairs"规则可以应用于在线 DRC、批处理 DRC 及交互式布线过程中。"Enforce Layer Pairs Settings"复选项：用于确定是否强制执行此规则的检查。

 10.9　高速线路规则

　　高速线路规则用于设置高速信号线布线规则，包括"Parallel Segment"（平行线段限制规则）、"Length"（长度限制规则）、"Matched Net Lengths"（匹配网络长度规则）、"Daisy Chain Stub Lengths"（雏菊链支线长度限制规则）、"Vias Under SMD"（在 SMD 下过孔限制规则）及"Maximum Via Count"（最大过孔数限制规则）。系统默认没有定义该类规则，如图 10-39 所示。

10.9.1　平行线段限制规则

　　平行线段限制规则，用于设置平行走线间距限制规则。

　　在"High Speed"选项下选择"Parallel Segment"规则，此时系统默认没有定义该项规则，用户可以在"Parallel Segment"上右击"New Rule"命令，单击新添加的"Parallel Segment"规则，系统显示该规则的详细信息，如图 10-40 所示。

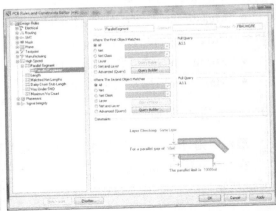

图 10-39　"High Speed"选项　　　　　　图 10-40　"Parallel Segment"规则

在 PCB 高速设计中,为了保证信号传输正常,一般采用差分线对来传输信号。在该规则中,可以设置差分线对的间距、层及长度等。

"Parallel Segment"规则中各项的含义如下。

- "Layer Checking":用于设置两段平行导线所在的工作层属性,有两种属性可供用户选择,即"Same Layer"(位于同一工作层)和"Adjacent Layers"(位于相邻工作层)。默认设置是"Same Layer"。
  - "For a parallel gap of":用于设置两段平行导线的间距。其默认值是 10 mil。
  - "The parallel limit is":用于设置平行导线的最大允许长度。其默认值是 10 000 mil。

10.9.2 长度限制规则

长度限制规则,用于设置高速信号线的最小和最大允许长度。

在"High Speed"选项下选择"Length"规则,此时系统默认没有定义该项规则,用户可以在"Length"上右击,执行"New Rule"命令,单击新添加的"Length"规则,系统显示该规则的详细信息,如图 10-41 所示。

在 PCB 中,为了保证阻抗匹配和信号的质量,需要限制走线的长度。

"Length"规则中各项的含义如下。

- "Minimum":用于设置高速信号线的最小允许长度。其默认值是 0 mil。
- "Maximum":用于设置高速信号线的最大允许长度。其默认值是 100 000 mil。

10.9.3 匹配网络长度规则

匹配网络长度规则,用于设置匹配网络传输导线的长度。

在"High Speed"选项下选择"Matched Net Lengths"规则,此时系统默认没有定义该项规则,用户可以在"Matched Net Lengths"上右击,执行"New Rule"命令,单击新添加的"Matched Net Lengths"规则,系统显示该规则的详细信息,如图 10-42 所示。

图 10-41 "Length"规则

图 10-42 "Matched Net Lengths"规则

"Matched Net Lengths"规则中各项的含义如下。

- "Tolerance":用于定义传输导线的长度值。将实际设计中的走线的长度值与该设定值进行比较,当传输导线的长度值小于该设定值时,就需要通过执行"Tools"→"Equalize Net Lengths"命令来延长走线。默认设定值是 1 000 mil。
- "Check Nets Within Differential Pair"复选项:当勾选该复选项时,检查具有差分对的网络。

● "Check Between Differential Pairs"复选项：当勾选该复选项时，检查差分对。

● "Check Between Other Electrical Objects"复选项：当勾选该复选项时，检查其他的电气对象。

10.9.4 雏菊链支线长度限制规则

雏菊链支线长度限制规则，用于设置90°拐角与焊盘之间的距离。

在"High Speed"选项下选择"Daisy Chain Stub Length"规则，此时系统默认没有定义该项规则，用户可以在"Daisy Chain Stub Length"上右击，执行"New Rule"命令，单击新添加的"Daisy Chain Stub Length"规则，系统显示该规则的详细信息，如图10-43所示。其默认值是1 000 mil。

在PCB中，为了减小信号反射，一般不允许使用90°拐角。当必须使用90°拐角的时候，需要限制焊盘与拐角之间的距离。

10.9.5 在 SMD 下过孔限制规则

在SMD下过孔限制规则，用于设置表面安装元件焊盘下是否出现过孔。

在"High Speed"选项下选择"Vias Under SMD"规则，此时系统默认没有定义该项规则，用户在"Vias Under SMD"上右击，执行"New Rule"命令，单击新添加的"Vias Under SMD"规则，系统显示该规则的详细信息，如图10-44所示。

图 10-43　"Daisy Chain Stub Length"规则

图 10-44　"Vias Under SMD"规则

一般情况下，要尽量减少在表面安装元件的焊盘下引入过孔。

10.9.6 最大过孔数限制规则

最大过孔数限制规则，用于设置布线时过孔数量的上限值。

在"High Speed"选项下选择"Maximum Via Count"规则，此时系统默认没有定义该项规则，用户可以在"Maximum Via Count"上右击，执行"New Rule"命令，单击新添加的"Maximum Via Count"规则，系统显示该规则的详细信息，如图10-45所示。

图 10-45　"Maximum Via Count"规则

默认的过孔数量上限值是 1 000。

 ## 10.10 布局规则

布局规则用于设置元件布局的规则,包括"Room Definition"(Room 定义规则)、"Component Clearance"(元件布放间距规则)、"Component Orientations"(元件布放方向规则)、"Permitted Layers"(元件布放层规则)、"Nets to Ignore"(网络忽略规则)及"Height"(高度规则)。选择"Placement"选项,对话框右侧只显示该类的设计规则,如图 10-46 所示。

图 10-46 "Placement"选项

10.10.1 Room 定义规则

Room 定义规则,用于在 PCB 板上定义元件布局区域。

在"Placement"选项下选择"Room Definition"规则,此时系统默认没有定义该项规则,用户可以在"Room Definition"上右击,执行"New Rule"命令,单击新添加的"Room Definition"规则,系统显示该规则的详细信息,如图 10-47 所示。

在 PCB 板上定义的布局区域有两种,一种是区域内不允许出现元件,另一种是某些元件一定要在指定区域内。在"Room Definition"规则中可以定义布局区域的坐标范围、工作层及种类。

"Room Definition"规则中各项的含义如下。

"Room Locked"复选项:如果勾选该复选项,就会锁定 Room 类型的区域,防止在布局时移动该区域。

"Components Locked"复选项:如果勾选该复选项,就会锁定区域中的元件,防止在布局时移动该元件。

"Define"按钮:单击该按钮,鼠标指针变为十字光标,移动十字光标到工作窗口中,就可以定义区域的位置和范围。

"x1"文本框:用于设置 Room 左下角的 X 坐标。

"y1"文本框:用于设置 Room 左下角的 Y 坐标。

"x2"文本框:用于设置 Room 右上角的 X 坐标。

"y2"文本框:用于设置 Room 右上角的 Y 坐标。

"Room Definition"规则最下方两个下拉列表框用于设置 Room 所在的工作层及种类。

10.10.2　元件布放间距规则

在"Placement"选项下选择"Component Clearance"规则,系统显示该规则的详细信息,如图 10-48 所示。

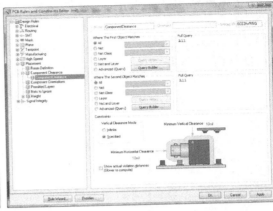

图 10-47　"Room Definition"规则　　**图 10-48　"Component Clearance"规则**

"Component Clearance"规则中各项的含义如下。

● "Vertical Clearance Mode":用于设置垂直间距模式。有两种模式可供用户选择,即"Infinite"(无穷大)和"Specified"(指定)。

➢ Infinite:用于设置最小水平间距。

➢ Specified:用于设置最小水平间距和垂直间距。

● Minimum Vertical Clearance:用于设置最小垂直间距。默认值是 10 mil。

● Minimum Horizontal Clearance:用于设置最小水平间距。默认值是 10 mil。

10.10.3　元件布放方向规则

元件布放方向规则,用于设置 PCB 板上元件允许旋转的角度。

在"Placement"选项下选择"Component Orientations"规则,此时系统默认没有定义该项规则,用户可以在"Component Orientations"上右击,执行"New Rule"命令,单击新添加的"Component Orientations"规则,系统显示该规则的详细信息,如图 10-49 所示。

10.10.4　元件布放层规则

元件布放层规则,用于设置 PCB 板上允许放置元件的工作层。

在"Placement"选项下选择"Permitted Layers"规则,此时系统默认没有定义该项规则,用户可以在"Permitted Layers"上右击,执行"New Rule"命令,单击新添加的"Permitted Layers"规则,系统显示该规则的详细信息,如图 10-50 所示。

通常在 PCB 的顶层和底层是可以放置元件的,如有特殊情况,用户可以通过设置该规则来实现。

10.10.5　网络忽略规则

网络忽略规则,用于设置当采用 Cluster Placer(分组布局)方式实行元件自动布局时需忽略布局的网络。

图 10-49 "Component Orientations"规则

图 10-50 "Permitted Layers"规则

在"Placement"选项下选择"Nets to Ignore"规则,此时系统默认没有定义该项规则,用户可以在"Nets to Ignore"上右击,执行"New Rule"命令,单击新添加的"Nets to Ignore"规则,系统显示该规则的详细信息,如图 10-51 所示。

忽略电源网络可以提高自动布局的速度。当有很多连接到电源网络的双引脚元件时,用户可以通过设置该规则忽略电源网络的布局,并将与电源相连的元件放到其他网络中进行布局。

10.10.6 高度规则

高度规则,用于设置元件的高度。

在"Placement"选项下选择"Height"规则,系统显示该规则的详细信息,如图 10-52 所示。

图 10-51 "Nets to Ignore"规则

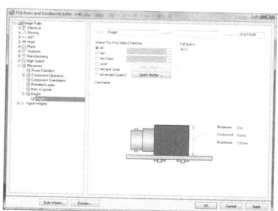

图 10-52 "Height"规则

在"Height"规则中,可以设置"Minimum"(最小高度)、"Preferred"(首选高度)及"Maximum"(最大高度)。

10.11 信号完整性规则

信号完整性规则用于设置高速信号线布线规则,包括"Signal Stimulus"(信号激励规则）、"Overshoot-Falling Edge"（下降沿过冲规则）、"Overshoot-Rising Edge"（上升沿过冲规则）、"Undershoot-Falling Edge"（下降沿下冲规则）、"Undershoot-Rising Edge"（上升沿下冲规则）、"Impedance"（网络阻抗规则）、"Signal Top Value"（信号高电平规则）、"Signal Base Value"（信号低电平规则）、"Flight Time-Rising Edge"（上升沿延迟时间规则）、"Flight Time-Falling Edge"（下降沿延迟时间规则）、"Slope-Rising Edge"（上升沿斜率规则）、"Slope-Falling Edge"（下降沿斜率规则）及"Supply Nets"（电源网络规则）。系统默认没有定义该类规则，如图10-53所示。

10.11.1 信号激励规则

信号激励规则，用于设置激励信号的类型及各种参数。

在"Signal Integrity"选项下选择"Signal Stimulus"规则，此时系统默认没有定义该项规则，用户可以在"Signal Stimulus"上右击，执行"New Rule"命令，单击新添加的"Signal Stimulus"规则，系统显示该项规则的详细信息，如图10-54所示。

图 10-53　"Signal Integrity"选项　　　　图 10-54　"Signal Stimulus"规则

激励信号有三种类型，分别是"Constant Level"（直流）、"Single Pulse"（单脉冲信号）及"Periodic Pulse"（周期性脉冲信号）。在"Signal Stimulus"规则中，用户还可以设置激励信号的初始电平、开始时间、终止时间及周期。

10.11.2 下降沿过冲规则

下降沿过冲规则，用于设置电路中信号下降沿的最大允许过冲值。

在"Signal Integrity"选项下选择"Overshoot-Falling Edge"规则，此时系统默认没有定义该项规则，用户可以在"Overshoot-Falling Edge"上右击，执行"New Rule"命令，单击新添加的"Overshoot-Falling Edge"规则，系统显示该规则的详细信息，如图10-55所示。

在"Maximum"中输入允许的最大值。如果过冲太大，则可能出现震荡并损坏元件，所以在设置该规则时，除了要考虑信号的完整性，还要考虑元件的耐压值。

10.11.3 上升沿过冲规则

上升沿过冲规则，用于设置电路中信号上升沿的最大允许过冲值。

在"Signal Integrity"选项下选择"Overshoot-Rising Edge"规则，此时系统默认没有定义该项规则，用户可以在"Overshoot-Rising Edge"上右击，执行"New Rule"命令，单击新添加的"Overshoot-Rising Edge"规则,系统显示该规则的详细信息,如图 10-56 所示。

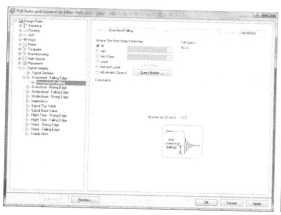

图 10-55　"Overshoot-Falling Edge"规则　　　图 10-56　"Overshoot-Rising Edge"规则

在"Maximum"中输入允许的最大值,设置方法与信号下降沿的最大允许过冲值的设置方法相同。

10.11.4　下降沿下冲规则

下降沿下冲规则,用于设置信号下降沿所允许的最大下冲值。

在"Signal Integrity"选项下选择"Undershoot-Falling Edge"规则,此时系统默认没有定义该项规则,用户可以在"Undershoot-Falling Edge"上右击,执行"New Rule"命令,单击新添加的"Undershoot-Falling Edge"规则,系统显示该规则的详细信息,如图 10-57 所示。

在"Maximum"中输入允许的下降沿最大下冲值。当信号从"1"变为"0"的时候,在电磁干扰的作用下会产生下冲,如果下冲值太大,会出现逻辑翻转。

10.11.5　上升沿下冲规则

上升沿下冲规则,用于设置信号上升沿所允许的最大下冲值。

在"Signal Integrity"选项下选择"Undershoot-Rising Edge"规则,此时系统默认没有定义该项规则,用户可以在"Undershoot-Rising Edge"上右击,执行"New Rule"命令,单击新添加的"Undershoot-Rising Edge"规则,系统显示该规则的详细信息,如图 10-58 所示。

图 10-57　"Undershoot-Falling Edge"规则　　　图 10-58　"Undershoot-Rising Edge"规则

在"Maximum"中输入允许的上升沿最大下冲值。设置方法与信号下降沿的最大允许下冲值的设置方法相同。

10.11.6　网络阻抗规则

网络阻抗规则,用于设置电路中连线之间阻抗的最小值和最大值。

在"Signal Integrity"选项下选择"Impedance"规则,此时系统默认没有定义该项规则,用户可以在"Impedance"上右击,执行"New Rule"命令,单击新添加的"Impedance"规则,系统显示该规则的详细信息,如图 10-59 所示。

在"Minimum"和"Maximum"中分别输入允许的最小值和最大值。对传输线特征阻抗产生影响的主要因素包括铜膜的厚度、导线的宽度、焊盘的厚度、PCB 板基材料及其他材料的介电常数和厚度等等。

10.11.7　信号高电平规则

信号高电平规则,用于设置电路中逻辑"1"信号的电压基值。

在"Signal Integrity"选项下选择"Signal Top Value"规则,此时系统默认没有定义该项规则,用户可以在"Signal Top Value"上右击,执行"New Rule"命令,单击新添加的"Signal Top Value"规则,系统显示该规则的详细信息,如图 10-60 所示。

图 10-59　　　　　　　　　　　　　图 10-60　"Signal Top Value"规则

在"Minimum"中输入所允许的最小值。

10.11.8　信号低电平规则

信号低电平规则,用于设置电路中逻辑"0"信号的电压基值。

在"Signal Integrity"选项下选择"Signal Base Value"规则,此时系统默认没有定义该项规则,用户可以在"Signal Base Value"上右击,执行"New Rule"命令,单击新添加的"Signal Base Value"规则,系统显示该规则的详细信息,如图 10-61 所示。

在"Maximum"中输入所允许的最大值。

10.11.9　上升沿延迟时间规则

上升沿延迟时间规则,用于设置信号上升沿所允许的最大延迟时间。

在"Signal Integrity"选项下选择"Flight Time-Rising Edge"规则,此时系统默认没有定

义该项规则,用户可以在"Flight Time-Rising Edge"上右击,执行"New Rule"命令,单击新添加的"Flight Time-Rising Edge"规则,系统显示该规则的详细信息,如图 10-62 所示。

图 10-61 "Signal Base Value"规则

图 10-62 "Flight Time-Rising Edge"规则

在"Maximum"中输入所允许的最大延迟时间。由于电路中有各种杂散电感电容,所以会导致信号的延迟,即实际的信号电压到达门限电压的时间。

10.11.10 下降沿延迟时间规则

下降沿延迟时间规则,用于设置信号下降沿所允许的最大延迟时间。

在"Signal Integrity"选项下选择"Flight Time-Falling Edge"规则,此时系统默认没有定义该项规则,用户可以在"Flight Time-Falling Edge"上右击,执行"New Rule"命令,单击新添加的"Flight Time-Falling Edge"规则,系统显示该规则的详细信息,如图 10-63 所示。

在"Maximum"中输入所允许的最大延迟时间。

10.11.11 上升沿斜率规则

上升沿斜率规则,用于设置电路中信号上升沿的宽度,即从逻辑 0 上升到逻辑 1 所用的时间。

在"Signal Integrity"选项下选择"Slope-Rising Edge"规则,此时系统默认没有定义该项规则,用户可以在"Slope-Rising Edge"上右击,执行"New Rule"命令,单击新添加的"Slope-Rising Edge"规则,系统显示该项规则的详细信息,如图 10-64 所示。

图 10-63 "Flight Time-Falling Edge"规则

图 10-64 "Slope-Rising Edge"规则

在"Maximum"中输入所允许的最大值。

10.11.12 下降沿斜率规则

下降沿斜率规则,用于设置电路中信号下降沿的宽度,即从逻辑 1 下降到逻辑 0 所用的时间。

在"Signal Integrity"选项下选择"Slope-Falling Edge"规则,此时系统默认没有定义该项规则,用户可以在"Slope-Falling Edge"上右击,执行"New Rule"命令,单击新添加的"Slope-Falling Edge"规则,系统显示该规则的详细信息,如图 10-65 所示。

在"Maximum"中输入所允许的最大值。

10.11.13 电源网络规则

电源网络规则,用于设置电路中供电网络的电压值。

在"Signal Integrity"选项下选择"Supply Nets"规则,此时系统默认没有定义该项规则,用户可以在"Supply Nets"上右击,执行"New Rule"命令,单击新添加的"Supply Nets"规则,系统显示该规则的详细信息,如图 10-66 所示。

图 10-65 "Slope-Falling Edge"规则   图 10-66 "Supply Nets"规则

在"Voltage"中输入供电网络的电压值。

10.12 PCB 设计规则检查

在完成了 PCB 布线之后,需要对电路进行设计规则检查。系统根据用户对设计规则的设置,对 PCB 设计进行各方面的检查,比如安全间距、导线宽度及过孔类型等检查。灵活运用 PCB 设计规则检查,可以保证最终生成正确的输出文件。

执行"Tools"→"Design Rule Check"命令,系统弹出如图 10-67 所示的"Design Rule Checker"对话框。

"Design Rule Checker"对话框的左侧是检查器的内容列表,右侧是其对应的具体内容。"Design Rule Checker"对话框由 DRC 报表选项和 DRC 规则列表组成。

1. DRC 报表选项

在"Design Rule Checker"对话框的左侧列表中选择"Report Options",其中主要各项的功能如下。

● "Create Report File"复选项：如果勾选该复选项，在运行批处理 DRC 后，系统会自动生成报表文件，其中包括该次 DRC 运行中使用的规则、违例数量及细节描述等。

● "Create Violations"复选项：如果勾选该复选项，系统会在违例对象和违例消息之间建立链接，便于用户对违例对象进行错误定位。

● "Sub-Net Details"复选项：如果勾选该复选项，系统会对网络连接关系进行检查并生成报告。

● "Verify Shorting Copper"复选项：如果勾选该复选项，将对覆铜或者非网络连接导致的短路进行检测。

2. DRC 规则列表

在"Design Rule Checker"对话框的左侧列表中选择"Rules To Check"，显示所有能进行检查的设计规则，如图 10-68 所示，包括元件安全间距、线宽设定、过孔大小及高速电路设计的引线长度等。

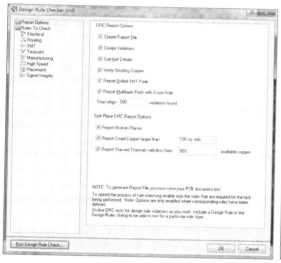

图 10-67 "Design Rule Checker"对话框

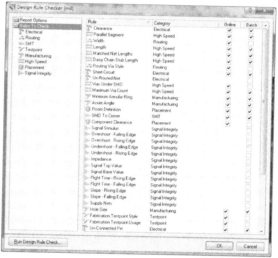

图 10-68 "Rules To Check"项

在"Rules To Check"中，用户可以根据规则名进行设置，通过"Online"和"Batch"两个复选项，选择在线 DRC 或者批处理 DRC。

单击"Run Design Rule Check"按钮，即可进行批处理 DRC。

10.12.1 在线 DRC 和批处理 DRC

DRC 分为在线 DRC 和批处理 DRC 两种类型。

在线 DRC 在后台运行，在进行 PCB 设计的过程中，系统会随时进行设计规则检查，一旦发现违反规则的对象，系统就会提出警示，甚至自动限制违例操作执行。

在"Preferences"对话框中依次选择"PCB Editor"→"General"，用户可以设置是否选择在线 DRC，如图 10-69 所示。

通过批处理 DRC，用户可以在设计的过程中手动运行多项规则检查。值得注意的是，在不同的阶段运行批处理 DRC，需要对其规则进行不同的选择。比如，在未布线时进行批处理 DRC 之前，需要禁止部分布线规则，否则会出现很多无意义的错误提示。而在布线完成 PCB 设计结束之后进行批处理 DRC 之前,就应该选中所有 PCB 相关的设计规则,使检查更加全面。

10.12.2 对未布线的 PCB 文件进行批处理 DRC

以未布线的"PCB 设计示例. PcbDoc"文件为例,运行批处理 DRC,具体的操作步骤如下。

(1) 执行"Tools"→"Design Rule Check"命令,系统弹出"Design Rule Checker"对话框,暂时不进行任何规则的启用和禁止的设置,直接使用系统默认设置。单击"Run Design Rule Check"按钮,运行批处理 DRC。

(2) 系统运行批处理 DRC,结果显示在"Messages"面板中,如图 10-70 所示。

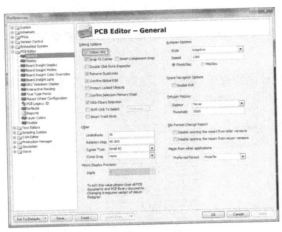

图 10-69 "Preferences"对话框

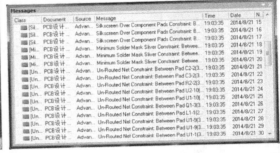

图 10-70 "Messages"面板

从"Messages"面板可以看出,系统生成的错误中大部分是未布线错误,这是因为在 DRC 运行之前没有禁止该规则的检查,这种 DRC 错误警告是无用的。

(3) 执行"Tools"→"Design Rule Check"命令,重新设置 DRC 规则。在弹出的"Design Rule Checker"对话框中,选择"Rules To Check",在图 10-68 所示对话框中禁止其中的部分规则的"Batch"选项,包括"Un-Routed Net"和"Width"。

(4) 单击"Run Design Rule Check"按钮,运行批处理 DRC。系统运行完批处理 DRC,结果显示在"Messages"面板中,如图 10-71 所示。

可见,重新配置检查规则之后,错误警告减少。根据错误警告检查原理图并改正错误。

10.12.3 对已布线的 PCB 文件进行批处理 DRC

以已布线的"PCB 设计示例. PcbDoc"文件为例,运行批处理 DRC,尽量检查所有的设计规则。具体的操作步骤如下。

(1) 执行"Tools"→"Design Rule Check"命令,系统弹出"Design Rule Checker"对话框。

(2) 单击"Run Design Rule Check"按钮,运行批处理 DRC。系统运行完批处理 DRC,结果显示在"Messages"面板中,如图 10-72 所示。

对于"Messages"面板中的违例信息,用户可以利用错误定位来进行修改。

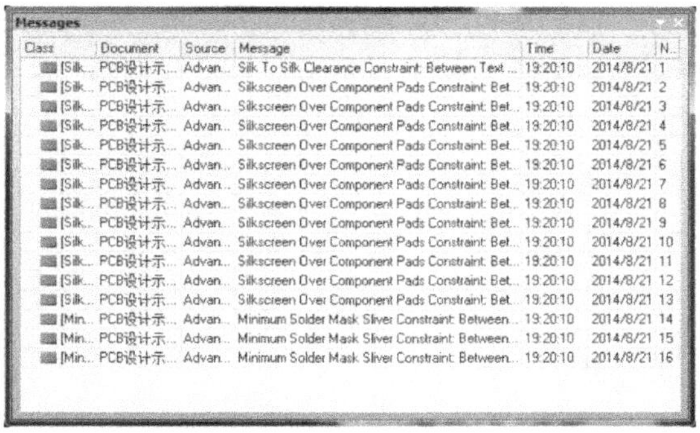

图 10-71　"Messages"面板

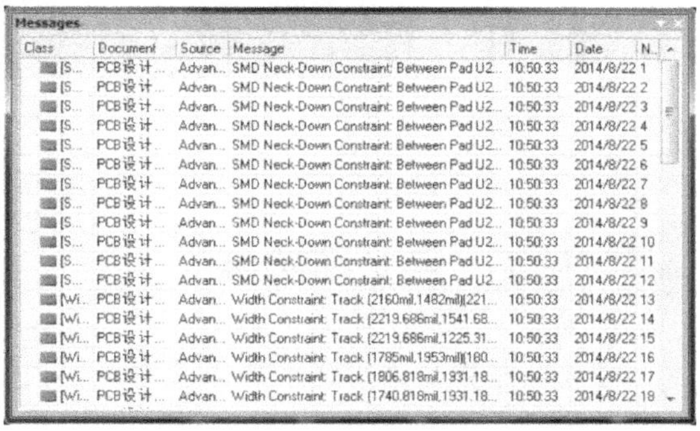

图 10-72　"Messages"面板

本 章 小 结

　　本章主要讲述了 PCB 的各种设计规则，包括电气规则、布线规则、SMD 封装规则及阻焊规则等等，最后还介绍了如何进行 PCB 设计规则检查。熟练掌握这些规则是制作性能高效 PCB 的基础。

第11章 人工布线制作 PCB

11.1 定义电路板

定义电路板是指定义电路板的板层、形状及大小等。

11.1.1 人工定义电路板

1. 设置电路板的板层

在进行电路板设计之前,可以对板的层数和属性进行设置。

执行"Design"→"Layer Stack Manager"命令,系统弹出如图 11-1 所示的"Layer Stack Manager"对话框。

在"Layer Stack Manager"对话框中可以增加层、删除层、移动层,以及对层的属性进行设置。"Layer Stack Manager"对话框的中心显示了当前 PCB 文件的层结构,默认的是双层板,包括"Top Layer"和"Bottom Layer"。

执行"Design"→"Board Layers & Colors"命令,系统弹出如图 11-2 所示的"View Configurations"对话框。

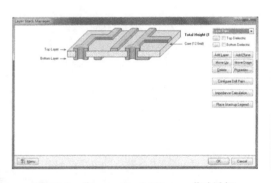

图 11-1　"Layer Stack Manager"对话框　　　图 11-2　"View Configurations"对话框

在"View Configurations"对话框中,用户可以设置各板层的颜色和可见性。

2. 设置电路板的电气边界线

设置电路板的电气边界线的步骤如下。

(1) 将电路板切换到禁止布线层(Keep-Out Layer),如图 11-3 所示,设置电路板的边缘尺寸。

| Top Overlay | Bottom Overlay | Top Paste | Bottom Paste | Top Solder | Bottom Solder | Drill Guide | **Keep-Out Layer** | Drill Drawing | Multi-Layer |

图 11-3　工作层切换栏

（2）单击布线工具栏中的 图标，比如定义一个 1 000 mil×1 000 mil 的边框，如图 11-4所示。

一般认为电路板的边缘尺寸与电路板的电气边界线相重合。

11.1.2　利用向导定义电路板

在 Altium Designer 中，还可以使用向导定义电路板，具体步骤详见第 8 章的相关章节。利用向导创建 1 000 mil×1 000 mil 的电气边界线如图 11-5 所示。

图 11-4　电路板的电气边界线

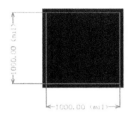

图 11-5　电气边界线

11.2　放置设计对象

下面详细讲解如何将对象放置到电路板图上，并设置它们的属性。

11.2.1　元件封装的放置与属性设置

1. 放置元件封装

放置元件封装有如下两种常用方法：①使用菜单命令；②使用工具栏。

下面以放置电容封装为例介绍如何使用这两种方法放置元件封装。

（1）执行"Place"→"Component"命令，或者单击工具栏中的 图标，系统弹出如图11-6所示的对话框，在该对话框中输入要放置元件封装的信息。

（2）单击"OK"按钮，鼠标指针变为悬浮着电容封装的十字光标，将光标移到合适的位置，单击，就完成了元件封装的放置。

2. 设置元件属性

打开元件封装属性对话框有如下三种方法：①当元件封装处于放置状态时，按 Tab 键，打开元件封装属性对话框；②当元件封装已经放置在图纸上时，双击该元件封装，打开元件封装属性对话框；③当元件封装已经放置在图纸上时，还可以执行"Edit"→

图 11-6　放置元件封装对话框

"Change"命令，鼠标指针变为十字光标，将十字光标移到需要编辑属性的元件封装上，单击，打开元件封装属性对话框，如图 11-7 所示。

元件封装属性对话框中各选项的含义如下。

1）"Component Properties"选项组

图 11-7　元件封装属性对话框

- "Layer"：元件所在层。
- "Rotation"：元件的旋转角度。
- "X-Location"：元件位置的 X 坐标。
- "Y-Location"：元件位置的 Y 坐标。
- "Type"：元件类型。
- "Height"：元件高度。
- "Lock Primitives"：设定元件为整体图形。
- "Lock Strings"：锁定字符串。
- "Locked"：锁定元件。

2）"Designator"选项组

- "Text"：元件序号。
- "Height"：文字高度。
- "Width"：文字宽度。
- "Layer"：元件序号所在的层。
- "Rotation"：元件序号旋转角度。
- "X-Location"：元件序号所在位置的 X 坐标。
- "Y-Location"：元件序号所在位置的 Y 坐标。
- "Autoposition"：设置元件序号相对于元件的位置。
- "Hide"：隐藏元件序号。
- "Mirror"：设置元件序号是否镜像。

3）"Comment"选项组

- "Text"：注释文字。
- "Height"：注释文字高度。
- "Width"：注释文字宽度。
- "Layer"：注释文字所在的层。
- "Rotation"：注释文字的旋转角度。

- "X-Location"：注释文字所在位置的 X 坐标。
- "Y-Location"：注释文字所在位置的 Y 坐标。
- "Autoposition"：设置注释文字相对于元件的位置。
- "Hide"：隐藏注释文字。
- "Mirror"：设置注释文字是否镜像。

4）"Swapping Options"选项组

- "Enable Pin Swaps"：使能引脚互换。
- "Enabled Part Swaps"：使能端口互换。

5）"Designator Font"选项组

- "True Type"：选择"True Type"字体。
- "Stroke"：选择"Stroke"字体。
- "Font Name"：字体名称。

6）"Comment Font"选项组

- "True Type"：选择"True Type"字体。
- "Stroke"：选择"Stroke"字体。
- "Font Name"：字体名称。

7）"Footprint"选项组

- "Name"：封装名称。
- "Library"：封装所属的元件库。
- "Description"：封装的描述信息。
- "Default 3d model"：封装的 3D 模型。

8）"Schematic Reference Information"选项组

该选项组用于设置图纸的引用信息。该区域列出了与 PCB 文档对应的电路原理图纸的信息。

9）"FPGA"选项组

该选项组用于设置 FPGA 相关信息。

11.2.2　铜膜的放置与属性设计

放置铜膜有如下两种方法：①单击工具栏上的  图标。②执行"Place"→"Interactive Routing"命令。

选择以上任一种方法，鼠标指针变为十字光标，将光标移到线的起点，单击，拖动鼠标，就可以绘制一条线，如图 11-8 所示。如果要拐弯，单击，然后改变方向继续绘制，最后右击，退出该操作。

图 11-8　铜膜的放置

在绘制的过程中，按 Tab 键，系统弹出如图 11-9 所示的"Interactive Routing For Net"对话框。

在"Interactive Routing For Net"对话框中可以设置导线的宽度、过孔的尺寸及导线所在的工作层等参数。

11.2.3　圆弧线的属性设置

绘制圆弧的方法有如下两种：①单击工具栏上的 ⌒ 、⌒ 、⌒ 、⬭ 图标；②执行

"Place"→"Arc(Center)"或"Arc(Edge)"或"Arc(Any Angle)"或"Full Circle"命令。

下面以绘制由圆心定义的圆弧和由圆周定义的圆弧为例,介绍绘制圆弧的具体操作方法。

1. 由圆心定义圆弧

执行"Place"→"Arc(Center)"命令,鼠标指针变为十字光标,移动光标到要画的圆弧的圆心,单击,移动光标到圆弧直径够大的时候,单击,然后依次移动光标确定圆弧的起点和终点,单击,圆弧就画好了,如图 11-10 所示。

2. 由圆周定义圆弧

执行"Place"→"Arc(Edge)"命令,鼠标指针变为十字光标,移动光标到需要画圆弧的地方,单击,确定圆弧的起点,然后移动光标到所需要的圆弧大小再单击,确定圆弧的终点,圆弧就画好了,如图 11-11 所示。

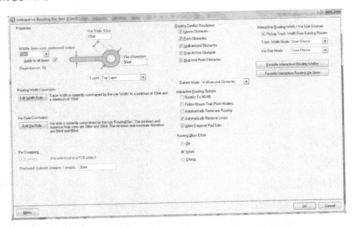

图 11-9　"Interactive Routing For Net"对话框

图 11-10　由圆心定义的圆弧

图 11-11　由圆周定义圆弧

在绘制圆弧的过程中,按 Tab 键,系统弹出如图 11-12 所示的属性对话框。

图 11-12　圆弧属性对话框

圆弧属性对话框中各项的含义如下。

- "Radius":圆弧半径。
- "Width":圆弧宽度。
- "Start Angle":圆弧起点角度。
- "End Angle":圆弧终点角度。
- "Center":圆弧中心坐标,包括 X 坐标和 Y 坐标。
- "Layer":圆弧所在板层。
- "Net":与圆弧相连的网络。
- "Locked":锁定圆弧,即移动圆弧时需要确定。
- "Keepout":在圆弧外围绕着一圈禁止布线层。

11.2.4　尺寸线与其属性

放置各种尺寸线有如下两种方法:①单击工具栏上的 ⬚ 、 ⬚ 、 ⬚ 、 ⬚ 、 ⬚ 、 ⬚ 、 ⬚ 、 ⬚ 、 ⬚ 、 ⬚ 图标;②执行"Place"→"Dimension"→"Linear"或"Angular"或"Radial"或"Leader"或"Datum"或"Baseline"或"Center"或"Linear Diameter"或"Radial Diameter"命令。

　　选择以上任一种尺寸线,鼠标指针变为十字光标,移动光标到需要标记的起点,单击,然后移动光标到标记的终点,再单击,就放置好了尺寸线,如图 11-13 所示。

　　在放置尺寸线的过程中,按 Tab 键,系统弹出如图 11-14 所示的属性对话框。

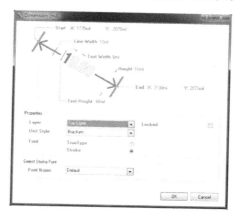

图 11-13　放置尺寸线　　　　　　图 11-14　标记属性对话框

标记属性对话框中各项的含义如下。

- "Start":尺寸线起点的坐标,包括 X 坐标和 Y 坐标。
- "Line Width":线宽。
- "Text Width":文本宽度。
- "Height":尺寸线高度。
- "End":尺寸线终点的坐标,包括 X 坐标和 Y 坐标。
- "Text Height":文本高度。
- "Layer":尺寸线所在的工作层。
- "Locked":锁定尺寸线。
- "Unit Style":长度单位表示方式。
- "Font":字体。
- "Font Name":字体名称。

11.2.5　坐标

　　放置坐标有如下两种方法:①单击工具栏中的 ⊹¹⁰,¹⁰ 图标;②执行"Place"→"Coordinate"命令。选择以上任一种方法,鼠标指针变为悬浮着坐标的十字光标,如图 11-15 所示,移动光标到要放置坐标的地方,单击,完成坐标的放置。

图 11-15　放置坐标

　　在放置坐标的过程中,按 Tab 键,系统弹出如图 11-16 所示的属性对话框。

坐标属性对话框中各项的含义如下。

- "Text Width":文本宽度。
- "Text Height":文本高度。
- "Line Width":线宽。
- "Size":坐标十字线尺寸。
- "Location":坐标位置,包括 X 坐标和 Y 坐标。
- "Layer":坐标所在工作层。

- "Locked"：锁定坐标。
- "Unit Style"：长度单位表示方法。
- "Font"：字体。
- "Font Name"：字体名称。

11.2.6 文字的属性

放置文字有如下两种方法：①单击工具栏中的 A 图标；②执行"Place"→"String"命令。

选择以上任一种方法，鼠标指针变为悬浮着文字的十字光标，如图 11-17 所示，移动光标到要放置文字的地方，单击，完成文字的放置。

在放置文字的过程中，按 Tab 键，系统弹出如图 11-18 所示的属性对话框。

图 11-17　放置文字

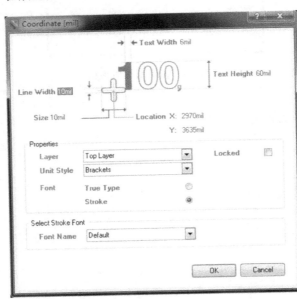

图 11-16　坐标属性对话框

图 11-18　文字属性对话框

文字属性对话框中各项的含义如下。

- "Width"：文字宽度。
- "Height"：文字高度。
- "Rotation"：旋转角度。
- "Location"：文字位置的坐标，包括 X 坐标和 Y 坐标。
- "Text"：输入文字或者选择特殊字符串的内容。
- "Layer"：文字所在工作层。
- "Locked"：锁定文字。
- "Mirror"：文字镜像。
- "Font"：字体。
- "Font Name"：字体名称。

11.2.7 焊盘与其属性

放置焊盘有如下两种方法：①单击工具栏中的 ◎ 图标；②执行"Place"→"Pad"命令。

选择以上任一种方法，鼠标指针变为悬浮着焊盘的十字光标，如图 11-19 所示，移动光标到要放置焊盘的地方，单击，完成焊盘的放置。

在放置焊盘的过程中，按 Tab 键，系统弹出如图 11-20 所示的属性对话框。

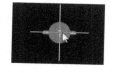

图 11-19 放置焊盘

焊盘属性对话框中各项的含义如下。

- "Location"：焊盘的位置，包括 X 坐标、Y 坐标及旋转角度。
- "Hole Information"：焊盘的孔径信息，包括孔径的尺寸和形状。
- "Designator"：标号。
- "Layer"：焊盘所在的工作层。
- "Net"：连接的网络。
- "Electrical Type"：电气类型。
- "Plated"：镀。
- "Locked"：锁定焊盘。
- "Jumper ID"：跳投 ID。
- "Testpoint Settings"：设置测试点，包括加工测试点和装配测试点所在的层。
- "Size and Shape"：设置焊盘的尺寸和形状，包括 X 方向的尺寸和 Y 方向的尺寸。
- "Paste Mask Expansion"：助焊层扩张。
- "Solder Mask Expansions"：阻焊层扩张。

11.2.8 过孔与其属性

放置过孔有如下两种方法：①单击工具栏中的  图标；②执行"Place"→"Via"命令。

选择以上任一种方法，鼠标指针变为悬浮着过孔的十字光标，如图 11-21 所示，移动光标到要放置过孔的地方，单击，完成放置。

在放置过孔的过程中，按 Tab 键，系统弹出如图 11-22 所示的属性对话框。

图 11-20 焊盘属性对话框

图 11-21 放置过孔

图 11-22 过孔属性对话框

过孔属性对话框中各项的含义如下。

- "Diameters":文本宽度。
- "Hole Size":孔径尺寸。
- "Diameter":焊盘直径。
- "Location":焊盘中心位置的坐标,包括 X 坐标和 Y 坐标。
- "Start Layer":起始工作层。
- "End Layer":终止工作层。
- "Net":连接的网络。
- "Locked":锁定焊盘。
- "Testpoint Settings":设置测试点,包括加工测试点和装配测试点所在的层。
- "Solder Mask Expansions":阻焊层扩张。

11.2.9　填充与其属性

对区域进行填充有如下两种方法:①单击工具栏中的 ▦ 图标;②执行"Place"→"Fill"命令。

选择以上任一种方法,鼠标指针变为十字光标,移动光标到填充区域顶点处,单击,确定填充区域的左上角,然后拖动鼠标到合适的位置,单击,确定填充区域的右下角,这样就完成了对该区域的填充,如图 11-23 所示。

图 11-23　填充区域

在填充区域的过程中,按 Tab 键,系统弹出如图 11-24 所示的属性对话框。

填充区域属性对话框中各项的含义如下。

- "Corner 1":左下角位置的坐标,包括 X 坐标和 Y 坐标。
- "Corner 2":右上角位置的坐标,包括 X 坐标和 Y 坐标。
- "Rotation":旋转角度。
- "Layer":填充所在的工作层。
- "Net":连接的网络。
- "Locked":锁定填充。
- "Keepout":在填充外侧加禁止布线轮廓。

11.2.10　覆铜与其属性

设置覆铜有如下两种方法:①执行"Place"→"Polygon Pour"命令;②单击工具栏中的 ▦ 图标。

选择上述任意一种方法,设置覆铜,系统弹出如图 11-25 所示的"Polygon Pour"对话框。"Polygon Pour"对话框中各项的主要含义如下。

1. "Fill Mode"栏

- "Solid(Copper Regions)"选项:覆铜区域内为全铜敷设模式。需要设置删除岛的面积限制值及凹槽宽度等。
- "Hatched(Tracks/Arcs)"选项:覆铜区域内为网络状的覆铜模式。需要设置栅格线的宽度、网格尺寸、围绕焊盘的形状及覆铜方式。

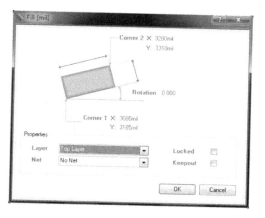

图 11-24　填充区域属性对话框

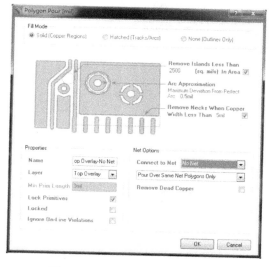

图 11-25　"Polygon Pour"对话框

● "None(Outlines Only)"选项：只有覆铜边界、内部没有填充模式。需要设置覆铜编辑线宽度及围绕焊盘的形状。

2. "Properties"栏

● "Layer"下拉列表：设置覆铜的层。

● "Min Prim Length"文本框：设置最小组件的长度。

● "Lock Primitives"复选项：设置是否锁定组件。

3. "Net Options"栏

● "Connect to Net"下拉列表：设置覆铜连接的网络。

● "Don't Pour Over Same Net Objects"列表项：覆铜的内部填充不和同网络的对象及覆铜边界相连。

● "Pour Over All Same Net Objects"列表项：覆铜的内部填充和覆铜边界及同网络的所有对象相连。

● "Pour Over Same Net Polygons Only"列表项：覆铜的内部填充只和覆铜边界及同网络的焊盘相连。

● "Remove Dead Copper"复选项：设置是否删除死铜。

11.2.11　用轮廓线包围焊盘、铜膜、填充等对象

绘制轮廓线有如下两种方法：①单击工具栏中的 ╱ 图标；②执行"Place"→"Line"命令。

选择以上任一种方法，鼠标指针变为十字光标，移动光标到合适的位置，单击，确定轮廓线的起点，然后拖动鼠标到合适的位置，单击，第一条轮廓线就确定了，如图 11-26 所示，按照同样的方法依次画好整个轮廓。

在绘制轮廓线的过程中，按 Tab 键，系统弹出如图 11-27 所示的属性对话框。

轮廓线属性对话框中各项的含义如下。

● "Start"：轮廓线起点的坐标，包括 X 坐标和 Y 坐标。

● "End"：轮廓线终点的坐标，包括 X 坐标和 Y 坐标。

● "Width"：线宽。

- "Layer":轮廓线所在的工作层。
- "Net":连接的网络。
- "Locked":锁定轮廓线。
- "Keepout":在轮廓线外侧加禁止布线轮廓。

11.2.12　焊盘泪滴处理

补泪滴的具体步骤如下。

(1) 执行"Tools"→"Teardrops"命令,系统弹出如图11-28所示的"Teardrop Options"对话框。

图 11-26　轮廓线

图 11-27　轮廓线属性对话框

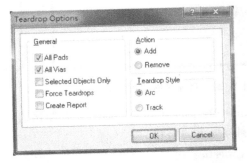

图 11-28　"Teardrop Options"对话框

"Teardrop Options"对话框中各项的含义如下。

"All Pads"复选项:如果勾选该复选框,将会对所有的焊盘添加泪滴。

"All Vias"复选项:如果勾选该复选框,将会对所有的过孔添加泪滴。

"Selected Objects Only"复选项:如果勾选该复选框,将会对选中的对象添加泪滴。

"Force Teardrops"复选项:如果勾选该复选项,将会强制对所有的焊盘或过孔添加泪滴。

"Create Report"复选项:如果勾选该复选项,添加泪滴之后,会自动生成一个与补泪滴有关的报表文件。

"Add"选项:用于添加泪滴。

"Remove"选项:用于删除泪滴。

"Arc"选项:用弧添加泪滴。

"Track"选项:用线添加泪滴。

(2) 单击"OK"按钮完成设置,系统进行补泪滴。

11.2.13　放置元件屋

放置元件屋有如下两种方法:①单击工具栏中的 　、　图标;②执行"Design"→"Rooms"→"Place Rectangular Room"或"Place Polygonal Room"命令。

下面以放置矩形元件屋为例,选择以上任一种方法,鼠标指针变为十字光标,移动光标到合适的位置,单击,确定元件屋的左上角,然后移动鼠标指针到合适的位置,再单击,确定元件屋的右上角,这样整个元件屋就确定了,如图11-29所示。

在绘制元件屋的过程中,按Tab键,系统弹出如图11-30所示的属性对话框。

元件屋属性对话框中各项的含义如下。

- "Where The First Object Matches"栏:用于设置该规则优先应用的对象。应用的对象有"All""Net""Net Class""Layer""Net and Layer"及"Advanced(Query)"六类可供用户

选择。选中某一类对象后,可以在该栏右边的下拉列表中选择某一个对象,也可以在右侧的
"Full Query"栏中添加相应的对象。系统默认的是"All"类对象。

图 11-29　元件屋

图 11-30　元件屋属性对话框

- "Room Locked":锁定元件屋。
- "Components Locked":锁定元件。
- "Define"按钮:单击该按钮,可以重新定义元件屋的形状。
- "x1":元件屋左下角的 X 坐标。
- "y1":元件屋左下角的 Y 坐标。
- "x2":元件屋右上角的 X 坐标。
- "y2":元件屋右上角的 Y 坐标。

在元件属性对话框最下面的两个下拉列表中,可以分别选择元件屋所在的工作层及元
件屋的类型。

11.2.14　放置禁止层轮廓线的对象

放置禁止层轮廓线的对象有如下两种方法:①切换到 Keepout Layer 层,单击工具栏中
的 　 图标;②切换到 Keepout Layer 层,执行"Place"→"Interactive Routing"命令。

选择以上任一种方法,鼠标指针变为十字光标,移动光标到合适的位置,单击,确定禁止
层轮廓线的起点,然后移动鼠标到合适的位置,单击,第一条禁止层轮廓线就确定了,按照同
样的方法依次画好整个禁止层轮廓,如图 11-31 所示。

在绘制禁止层轮廓线的过程中,按 Tab 键,系统弹出如图 11-32 所示的属性对话框。

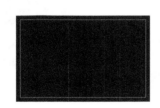

图 11-31　禁止层轮廓线

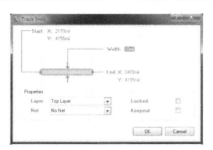

图 11-32　禁止层轮廓线属性对话框

禁止层轮廓线属性对话框中各项的含义在前面章节中已经详细讲述过,这里不再赘述。

11.2.15 放置一根线

放置一根线有如下两种方法:①单击工具栏中的 图标;②执行"Place"→"Interactive Routing"命令。

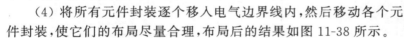

图 11-33　放置一根线

选择以上任一种方法,鼠标指针变为十字光标,移动光标到合适的位置,单击,确定线的起点,然后移动鼠标指针到合适的位置,再单击,一条线就确定了,如图 11-33 所示。

在绘制线的过程中,按 Tab 键,系统弹出如图 11-32 所示的属性对话框,用户可根据需要进行设置,这里不再赘述。

11.3　典型实例:制作共射极放大电路 PCB

将 3.8 节实例"共射极放大电路原理图",采用人工布线的方式生成 PCB,如图 11-34 所示。

制作共射极放大电路 PCB 的具体步骤如下。

(1)原理图画好之后,先编译,编译无误之后,执行"Tools"→"Footprint Manager"命令,系统弹出如图 11-35 所示的"Footprint Manager"对话框,检查所有元件的封装信息。

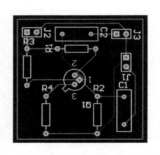

图 11-34　共射极放大电路 PCB

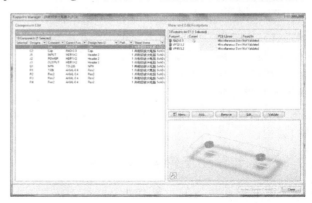

图 11-35　"Footprint Manager"对话框

(2)在当前项目下新建一个 PCB 文件,命名为"共射极放大电路.PcbDoc",并保存。在 Keepout Layer 中人工定义电路板的大小为 1 300 mil×1 200 mil,如图 11-36 所示。

(3)在原理图编辑界面,执行"Design"→"Update PCB Document 共射极放大电路.PcbDoc"命令,系统弹出如图11-37所示的"Engineering Change Order"对话框。

单击该对话框中的"Validate Changes"按钮,进行验证,验证无误后,单击"Execute Changes"按钮执行,执行完成后,在 PCB 编辑界面中,所有元件的封装都已经被放置在板子的外面。

图 11-36　人工定义电路板大小

(4)将所有元件封装逐个移入电气边界线内,然后移动各个元件封装,使它们的布局尽量合理,布局后的结果如图 11-38 所示。

(5)采用人工布线,当在 Top Layer 不能完成全部布线的时候,用户可以切换到 Bottom

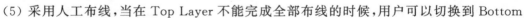

Layer 继续布线,布线后的结果如图 11-39 所示。

图 11-37　"Engineering Change Order"对话框

图 11-38　布局后的结果

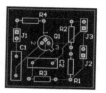

图 11-39　布线后的结果

（6）布线完成后,进行规则检查。执行"Tools"→"Design Rule Check"命令,系统弹出如图 11-40 所示的"Design Rule Checker"对话框。

（7）用户可以进行补泪滴操作,对 PCB 进行优化。执行"Tools"→"Teardrops"命令,系统弹出如图 11-41 所示的"Teardrop Options"对话框。

单击"OK"按钮,系统进行补泪滴操作,补泪滴后的结果如图 11-42 所示。

图 11-40　"Design Rule Checker"对话框

图 11-41　"Teardrop Options"对话框

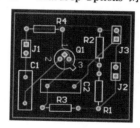

图 11-42　补泪滴后的结果

本 章 小 结

本章主要讲述了定义电路板和放置设计对象的方法,这是人工布线制作电路板的基础,用户需要掌握 PCB 的一系列基本操作,才能制作出优秀的电路板。

第⑫章　自动布线制作 PCB

12.1　布线前的准备

执行"File"→"New"→"PCB"命令,新建 PCB 文件。

对 PCB 的设定如下。

- 选择以 mil 为单位。
- 选择工业用标准板的轮廓和尺寸。
- 定义电路板的外形参数。
- 设置切角。
- 设置所需要的板层参数。
- 选择穿透式导孔。一般双面板都选用穿透式导孔。
- 设置导线的最小宽度、导孔的尺寸及导线之间的安全距离等参数。

12.2　在 PCB 编辑器中导入元件

下面以"PCB 设计示例"为例,在 PCB 编辑环境下导入元件的具体步骤如下。

(1) 打开已经创建的 PCB 文件,进入 PCB 编辑环境。

(2) 执行"Design"→"Import Changes From PCB 设计示例. PrjPCB"命令,系统弹出如图 12-1 所示的"Engineering Change Order"对话框。

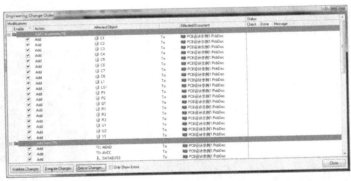

图 12-1　"Engineering Change Order"对话框

单击"Engineering Change Order"对话框中的"Validate Changes"按钮,进行验证,验证无误后,单击"Execute Changes"按钮执行,执行完成后,在 PCB 编辑界面中,所有元件的封装都已经被导入到 PCB 编辑环境中。

12.3　元件布局

元件布局包括自动元件布局和手工调整元件布局。

12.3.1 自动元件布局

将元件封装导入到 PCB 编辑环境中后,需要把元件放入工作区中,这就需要对所有元件进行布局。Altium Designer Summer 09 提供了元件自动布局的功能。元件自动布局的具体步骤如下。

(1) 在自动布局之前,需要设置自动布局的约束条件。执行"Design"→"Rules"命令,系统弹出如图 12-2 所示的"PCB Rules and Constraints Editor"对话框。

选择"PCB Rules and Constraints Editor"对话框中的"Placement",对其中的选项进行设置。设置完成后,单击"OK"按钮,返回 PCB 编辑环境。

(2) 在 Keepout Layer 中设置布线区。

(3) 执行"Tools"→"Component Placement"→"Auto Placer"命令,系统弹出如图 12-3 所示的"Auto Place"对话框。

图 12-2 "PCB Rules and Constraints Editor"对话框

"Auto Place"对话框中各项的含义如下。

● Cluster Placer:几何布局器。这种布局方式按照元件的连通属性将元件分为不同的元件束,并且按照几何位置对这些元件进行布局。这种布局方式适用于元件较少的情况。

● Statistical Placer:统计布局器。这种布局方式使用一种统计算法对元件进行布局,使得元件之间的连接长度最优。这种布局方式适用于元件数量超过 100 的情况。

● Quick Component Placement:快速元件放置。

选择"Statistical Placer"布局方式,"Auto Place"对话框变为如图 12-4 所示。

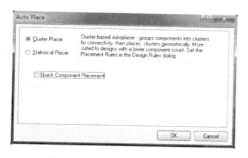

图 12-3 "Auto Place"对话框

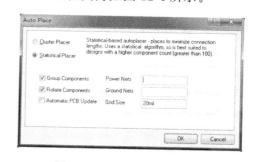

图 12-4 "Auto Place"对话框

图 12-4 所示对话框中各项的含义如下。

● Group Components:用于将当前网络中连接紧密的元件分为一组,布局时,将这些元件作为一个整体。

● Rotate Components:根据当前网络连接与布局的需要,对元件进行重组转向。

● Automatic PCB Update:自动更新 PCB。

● Power Nets:用于定义电源网络名称。

● Ground Nets:用于定义接地网络名称。

● Grid Size:用于设置栅格间距大小。

在"Auto Place"对话框中,用户可以设置与自动布局有关的参数,一般直接采用系统的默认设置。

12.3.2　手工调整元件布局

一般自动布局之后,还有很多不完善的地方,需要手工调整元件布局。手工调整元件布局一般包括选取元件、旋转元件、移动元件及排列元件。

1. 选取元件

选取元件最直接的方法是拖动鼠标,将元件包含在鼠标拖出的矩形框内。此外,用户还可以通过执行"Edit"→"Select"命令,选择元件,然后通过执行"Edit"→"Deselect"命令释放对象。

2. 旋转元件

将鼠标指针移到要旋转的元件上,按住鼠标左键,当鼠标指针变为十字光标时,按 Space键,即可旋转元件。

3. 移动元件

将鼠标指针移到放在要旋转的元件上,按住鼠标左键,当鼠标指针变为十字光标时,拖动光标,元件就会随着十字光标的移动而移动,移动元件到合适的位置后,释放鼠标左键。

4. 排列元件

选中元件,执行"Edit"→"Align"命令,可对选中的元件进行各种排列。

12.4　自动布线

Altium Designer 提供了自动布线的功能,方便用户进行布线。下面将对自动布线前的必要设计、自动布线及自动布线后的电路板相关信息进行详细讲解。

12.4.1　自动布线前的必要设计

在进行自动布线之前,需要对工作层及自动布线规则进行设置。

1. 设置工作层

在自动布线之前设置工作层,是为了在布线时可以合理地安排线路的布局。

执行"Design"→"Board Layers & Colors"命令,系统弹出如图 12-5 所示的"View Configurations"对话框。

在"View Configurations"对话框中,对工作层进行设置。对于双面板而言,需要选定信号层的 Top Layer 和 Bottom Layer,其他的设置可以直接使用系统的默认设置。

2. 设计自动布线规则

在进行自动布线之前,需要对布线规则进行设置。

执行"Design"→"Rules"命令,系统弹出如图 12-6 所示的"PCB Rules and Constraints Editor"对话框。

在"PCB Rules and Constraints Editor"对话框中,选择"Routing"选项,即可显示全部的布线规则,包括"Width"(线宽规则)、"Routing Topology"(布线拓扑规则)及"Routing Priority"(布线优先级规则)等八种规则。

下面详细讲解这些规则的设置方法。

1)线宽规则

线宽规则,用于设置走线宽度。

图 12-5　"View Configurations"对话框

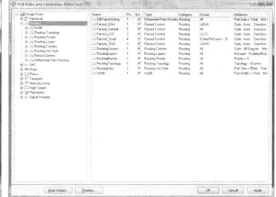

图 12-6　"PCB Rules and Constraints Editor"对话框

在"Routing"选项下选择"Width"规则,系统显示该规则的详细信息,如图 12-7 所示。

用户可以在 "Min Width"文本框中设置最小线宽,在"Max Width"文本框中设置最大线宽,在"Preferred Width"文本框中设置首选线宽。

2）布线拓扑规则

布线拓扑规则,用于设置走线的拓扑结构。

在"Routing"选项下选择"Routing Topology"规则,系统显示该规则的详细信息,如图 12-8 所示。

图 12-7　"Width"规则

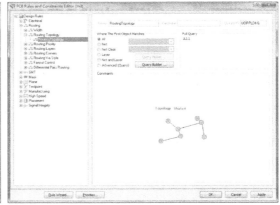

图 12-8　"Routing Topology"规则

系统在自动布线时,一般以布线长度最短为目标。

3）布线优先级规则

布线优先级规则,用于设置走线优先级。

在"Routing"选项下选择"Routing Priority"规则,系统显示该规则的详细信息,如图 12-9所示。

在"Routing Priority"规则中可以设置网络的走线优先级。Altium Designer Summer 09 提供了 101 种优先级,0 表示优先级最低,100 表示优先级最高。

4）布线层规则

布线层规则,用于设置允许该布线规则的层。

在"Routing"选项下选择"Routing Layers"规则,系统显示该规则的详细信息,如图12-10所示。

图 12-9 "Routing Priority"规则

图 12-10 "Routing Layers"规则

5)布线拐角规则

布线拐角规则,用于设置导线拐角的形式。

在"Routing"选项下选择"Routing Corners"规则,系统显示该规则的详细信息,如图12-11所示。

在"Routing Corners"规则中,有三种拐角方式可供用户选择,即45°、90°及圆弧,一般选择45°拐角形式。当然,用户可以根据实际需要对每个网络或层等进行拐角形式的设置。

6)布线过孔样式规则

布线过孔样式规则,用于设置走线时的过孔形式。

在"Routing"选项下选择"Routing Via Style"规则,系统显示该规则的详细信息,如图12-12 所示。

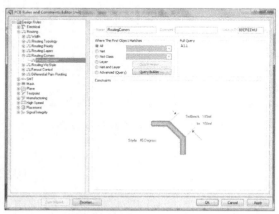

图 12-11 "Routing Corners"规则

图 12-12 "Routing Via Style"规则

在"Routing Via Style"规则中,可以设置过孔直径和过孔孔径。

7)布线扇出控制规则

布线扇出控制规则,用于设置走线时的扇出输出形式。

在"Routing"选项下选择"Fanout Control"规则,已经有五个定义好的该类规则,单击各规则,系统显示该规则的详细信息,如图 12-13 所示。

在"Fanout Control"规则中,可以设置 PCB 中使用的扇出输出形式。

8)差分对布线规则

差分对布线规则,用于设置差分对走线形式。

在"Routing"选项下选择"Differential Pairs Routing"规则,系统显示该规则的详细信息,如图 12-14 所示。

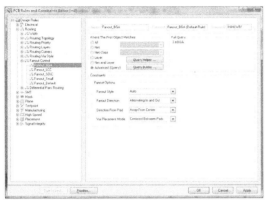

图 12-13 "Fanout Control"规则   图 12-14 "Differential Pairs Routing"规则

此外,用户还应该设置"Electrical"选项中的安全间距规则。安全间距,是指具有导电性质的图件之间的最小距离,一般包括导线与导线之间的距离、过孔与过孔之间的距离、焊盘与焊盘之间的距离、导线与过孔之间的距离、导线与焊盘之间的距离、过孔与焊盘之间的距离等。

在"Electrical"选项下选择"Clearance"选项,单击"Clearance"规则,系统显示该规则的详细信息,如图 12-15 所示。

12.4.2 设置自动布线的策略

布线策略是指 PCB 自动布线时采取的策略,比如探索式布线、迷宫式布线及推挤式拓扑布线等。

执行"Auto Route"→"Setup"命令,系统弹出如图 12-16 所示的"Situs Routing Strategies"对话框。

"Situs Strategy Editor"对话框中主要项的含义如下。

● Routing Strategy:布线策略。

> "Cleanup":用于清除策略。

> "Default 2 Layer Board":用于默认的双面板布线策略。

> "Default 2 Layer With Edge Connectors":用于默认的具有边缘连接器的双面板布线策略。

> "Default Multi Layer Board":用于默认的多层板布线策略。

> "Via Miser":用于在多层板中尽量少用过孔策略。

● "Lock All Pre-routes"复选项:勾选该复选项,所有之前的布线都将被锁定,重新自动布线时不改变该部分的布线。

● "Edit Rules"按钮:单击该按钮,对布线规则进行设置。

图 12-15 "Clearance"规则

图 12-16 "Situs Routing Strategies"对话框

● "Add 按钮":单击该按钮,系统弹出如图 12-17 所示的"Situs Strategy Editor"对话框。"Situs Strategy Editor"对话框用于添加新的布线策略。新建布线策略的步骤如下。

(1) 在"Strategy Name"文本框中输入新建布线策略的名称。

(2) 在"Strategy Description"文本框中输入对新建布线策略的描述。

(3) 拖动文本框下面的滑块改变新建布线策略允许的过孔数量。

(4) 选择左侧的 PCB 布线策略列表框中的某一项,单击 Add 按钮,该布线策略就被添加到了右侧当前布线策略列表中。选中右侧的某一项布线策略,单击"Remove"按钮可以删除该布线策略,单击"Move Up"和"Move Down"按钮可以上移或下移该布线策略,从而改变各个布线策略的优先级。

(5) 布线策略设置好之后,单击"OK"按钮即可。

Altium Designer Summer 09 的布线策略列表框中主要有以下几种布线方式。

● "Adjacent Memory"布线方式:U 形走线的布线方式。使用该布线方式时,自动布线器将对同一网络中相邻的元件引脚采用 U 形走线方式。

● "Clean Pad Entries"布线方式:清除焊盘冗余走线方式。使用该布线方式可以优化 PCB 的自动布线。

● "Completion"布线方式:竞争的推挤式布线方式。采用这种布线方式可以避开不在同一网络中的过孔和焊盘。

● "Fan out Signal"布线方式:表面安装元件的焊盘采用扇出形式连接到信号层。

● "Fan out to Plane"布线方式:表面安装元件的焊盘采用扇出形式连接到电源层和接地网络中。

● "Globally Optimised Main"布线方式:全局最优化拓扑布线方式。

● "Hug"布线方式:环绕布线方式。

● "Layer Patterns"布线方式:层样式布线方式。采用这种布线方式将决定同一工作层中的布线是否采用布线拓扑结构进行自动布线。

- "Main"布线方式:主推挤式拓扑驱动布线。
- "Memory"布线方式:启发式并行模式布线。采用这种布线方式将对存储器元件上的走线方式进行最佳的评估,对数据线和地址线一般采取有规律的并行走线方式。
- "Multilayer Main"布线方式:多层板拓扑驱动布线方式。
- "Spread"布线方式:伸展布线方式。采用这种布线方式,自动布线器自动使处于两个焊盘之间的走线位于中间位置。
- "Straighten"布线方式:伸直布线方式。采用这种布线方式,自动布线器布线时将尽量走直线。

12.4.3 自动布线

用户通过执行"Auto Route"菜单命令完成自动布线,如图 12-18 所示。

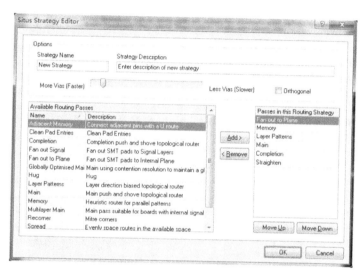

图 12-17 "Situs Strategy Editor"对话框

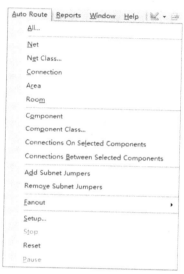

图 12-18 "Auto Route"菜单命令

由图 12-18 可知,执行自动布线的方法很多,下面进行详细介绍。

1. "All"命令

"All"命令用于为全局自动布线,其具体操作步骤如下。

(1) 执行"Auto Route"→"All"命令,系统弹出"Situs Routing Strategies"对话框,用户可以在该对话框中设置自动布线策略。

(2) 选择某一项布线策略,比如"Default 2 Layer Board"布线策略,然后单击"Route All"按钮,系统即进入自动布线状态。此时系统将弹出"Messages"面板,显示当前自动布线的状态信息,如图 12-19 所示。

(3) 全局自动布线完成后的 PCB 图如图 12-20 所示。

2. "Net"命令

"Net"命令用于为指定的网络自动布线,其具体操作步骤如下。

(1) 对该网络布线的线宽规则进行合理的设置。

(2) 执行"Auto Route"→"Net"命令,此时鼠标指针变为十字光标,移动光标到该网络上的任何一个电气连接点,比如 C1 引脚 1 的焊盘处,单击,系统自动为该网络进行布线。

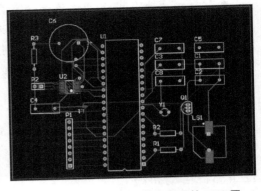

图 12-19　"Messages"面板　　　　图 12-20　全局自动布线完成后的 PCB 图

（3）布线完成后，鼠标指针仍然是十字光标，用户可以继续为其他的网络布线。右击，或者按 Esc 键即可退出布线操作。

3．"Net Class"

"Net Class"命令用于为指定的网络类自动布线，其具体操作步骤如下。

（1）对"Net Class"进行编辑管理。执行"Design"→"Classes"命令，系统弹出如图 12-21 所示的"Object Class Explorer"对话框。

（2）系统默认是 All Nets，用户不能对其进行编辑。用户可以自行定义新的网络类，将不同的有关联的网络加入到该网络类中进行编辑管理。

（3）执行"Auto Route"→"Net Class"命令，如果当前文件中没有自定义的网络类，那么系统会提示未找到网络类；如果当前文件中有自定义的网络类，那么系统会弹出"Choose Net Classes to Route"对话框，如图 12-22 所示，用户在该对话框中选择要进行自动布线的网络类，系统即可开始自动布线。

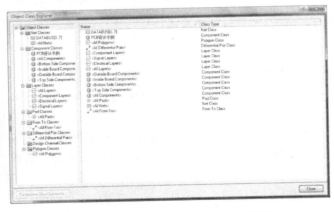

图 12-21　"Object Class Explorer"对话框

图 12-22　"Choose Net Classes to Route"对话框

（4）布线完成后，右击，或者按 Esc 键，退出布线操作。

4．"Connection"命令

"Connection"命令用于为两个存在电气连接关系的焊盘进行自动布线，其具体操作步骤如下。

（1）用户可以在布线规则中设置线宽。

（2）执行"Auto Route"→"Connection"命令，此时鼠标指针变为十字光标，移动十字光标，单击某两点之间的飞线或者其中的一个焊盘，此时系统自动为该两点布线。

（3）布线完成后，用户可以继续为其他的连接进行自动布线。右击，或者按 Esc 键即可退出布线操作。

5．"Area"命令

"Area"命令用于为区域内的连接进行自动布线，其具体操作步骤如下。

（1）执行"Auto Route"→"Area"命令，此时鼠标指针变为十字光标，移动光标到合适的位置，单击，确定矩形区域的一个顶点，移动鼠标指针到另一个合适的位置，再单击，确定矩形区域的另一个对角顶点，此时系统自动为该矩形区域内部的连接进行自动布线。

（2）布线完成后，右击，或者按 Esc 键，退出布线操作。

6．"Room"命令

"Room"命令用于为指定的 Room 类型的空间内的连接进行自动布线，其具体操作步骤如下。

（1）执行"Auto Route"→"Room"命令，鼠标指针变为十字光标，在 PCB 编辑窗口中选择 Room 空间，系统自动为该 Room 内部的连接布线。

（2）布线完成后，右击，或者按 Esc 键，退出布线操作。

7．"Component"命令

"Component"命令用于为指定元件的所有连接进行自动布线，其具体操作步骤如下。

（1）执行"Auto Route"→"Component"命令，鼠标指针变为十字光标，单击某一元件的焊盘，系统将自动为从该元件焊盘引出的连接进行布线。

（2）布线完成后，右击，或者按 Esc 键，退出布线操作。

8．"Component Class"命令

"Component Class"命令用于为指定的元件类中所有元件的连接自动布线，其具体操作步骤如下。

（1）执行"Design"→"Classes"命令，在弹出的"Object Class Explorer"对话框中对元件类进行编辑管理。

（2）系统默认的元件类是 All Component，用户不能对其进行编辑。用户可以自定义元件类。此外，值得注意的是，一个 Room 空间内的元件被自动生成为一个元件类。

（3）执行"Auto Route"→"Component Class"命令，系统弹出如图 12-23 所示的"Choose Component Classes to Route"对话框。

在"Choose Component Classes to Route"对话框中，用户选择需要自动布线的元件类，系统即可自动为该元件类进行布线。

（4）右击，或者按 Esc 键，退出布线操作。

9．"Connections On Selected Components"命令

"Connections On Selected Components"命令用于为所选元件的所有连接进行自动布线。执行该命令之前，用户需要先选中需要布线的元件。

10. "Connections Between Selected Components"命令

"Connections Between Selected Components"命令用于为所选元件之间的连接进行自动布线。执行该命令之前用户需要先选中需要布线的元件。

11. "Fanout"命令

执行"Auto Route"→"Fanout"命令,弹出如图 12-24 所示的子菜单命令。

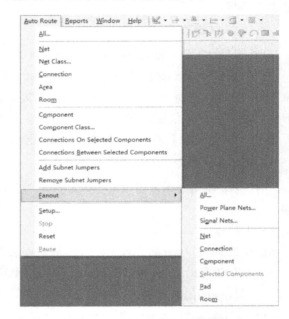

图 12-23 "Choose Component Classes to Route"
对话框

图 12-24 "Fanout"子菜单命令

"Fanout"各子菜单命令的功能如下。

● "All":用于对当前 PCB 设计中所有连接到信号层或者中间电源层网络的表面安装元件执行扇出操作。

● "Power Plane Nets"命令:用于对当前 PCB 设计中所有连接到电源层网络的表面安装元件执行扇出操作。

● "Signal Nets"命令:用于对当前 PCB 设计中所有连接到信号层网络的表面安装元件执行扇出操作。

● "Net":用于对选定网络中所有表面安装元件的焊盘执行扇出操作。

● "Connection"命令:用于对选定连接内的两个表面安装元件的焊盘执行扇出操作。

● "Component"命令:用于对选定的表面安装元件执行扇出操作。

● "Selected Components"命令:用于对选定的元件执行扇出操作。

● "Pad"命令:用于对选定的焊盘执行扇出操作。

● "Room"命令:用于对选定 Room 类型空间内的所有表面安装元件执行扇出操作。

12.4.4 自动布线后的电路板相关信息

执行"Reports"→"Board Information"命令,系统弹出如图 12-25 所示的"PCB Information"对话框。

"PCB Information"对话框中包含三个选项卡，分别为"General""Components"及"Nets"选项卡。

"General"选项卡中的各项含义如下。

- "Arcs"：圆弧的数量。
- "Fills"：填充区的数量。
- "Pads"：焊盘的数量。
- "Strings"：字符串的数量。
- "Tracks"：走线的数量。
- "Vias"：过孔的数量。
- "Polygons"：屏蔽层的数量。
- "Coordinates"：坐标标示的数量。
- "Dimensions"：比例尺的数量。
- "Board Dimensions"：板子的尺寸。
- "Pad/Via Holes"：钻孔的数量。
- "Pad Slot Holes"：垫槽孔的数量。
- "Pad Square Holes"：垫方孔的数量。
- "DRC Violations"：违背设计规则的数量。

图12-25 "PCB Information"对话框

"Components"选项卡中显示了电路板中的所有元件，如图12-26所示。

"Nets"选项卡中显示了所有网络的信息，如图12-27所示。

图 12-26 "Components"选项卡

图 12-27 "Nets"选项卡

12.5 电路板设计的一些经验

在电路板设计的过程中，会涉及电路板的材料选择、电路板的尺寸设置、元件布局、布线及焊盘等方面，下面将简要介绍一些经验。

12.5.1 电路板的材料选择

电路板一般是由覆铜层压板而制成的，常用的覆铜层压板包括覆铜酚醛纸质层压板、覆铜环氧玻璃布层压板、覆铜环氧纸质层压板、覆铜酚醛玻璃布层压板、覆铜聚四氟乙烯玻璃布层压板及多层印刷电路板用环氧玻璃布等。

铜箔和环氧树脂的黏合力比较好，而铜箔的附着强度及工作温度比较高，能在260℃的熔锡中不起泡。用环氧树脂浸泡过的玻璃布层压板受潮气的影响比较小。

超高频电路板建议使用覆铜聚四氟乙烯玻璃布层压板。当设备要求阻燃时,还需要阻燃的电路板,这些电路板是浸入了阻燃树脂的层压板。

电路板的厚度取决于电路板的功能、电路板的外形尺寸、所载元件的质量、电路板插座的规格及承受的机械负荷等因素。

12.5.2　电路板的尺寸设置

电路板的尺寸越小,费用越少。但是电路板的尺寸不能太小,否则散热不好,并且相邻的导线之间还会产生干扰。

在设计具有机壳的电路板时,电路板的大小还受机箱外壳大小的限制,用户需要在确定电路板尺寸之前,先确定机壳的大小。

12.5.3　元件布局

元件布局一般应该遵循如下三方面的规则。

1. 特殊元件的布局

特殊元件的布局应该遵循以下几个方面规则。

● 尽量缩短高频元件之间的连线,尽量减小连线的分布系数及相互之间的电磁干扰,易受干扰的元件不能挨得太近。属于输入和属于输出的元件之间应该保持尽量大的距离。

● 增大具有高电位差元件和连线之间的距离,避免出现短路从而损坏元件。

● 用支架固定较重的元件。

● 发热元件应该远离热敏元件。

● 对于可调元件,比如电位器、可变电容、可调电感线圈及微动开关等,在对它们进行布局的时候应该考虑整体的结构要求。如果是机内调节,应该放置在电路板上容易调节的位置;如果是机外调节,那么应该放置在与调节旋钮在机箱面板上对应的位置上。

● 应该为电路板的安装孔和支架的安装孔预留出一定的位置,在这些孔的附近不能布线。

2. 按照电路功能布局

尽可能按照原理图对元件进行布局,即信号从左侧输入、从右侧输出,从上面输入、从下面输出。

按照电路设计的流程,安排电路中各个功能部分的位置。

在每个功能电路中,元件的布局应该紧凑、均匀、合理,尽量缩短元件之间的连线。

将数字电路部分和模拟电路部分分开布局。

3. 元件距离电路板边缘的距离

元件应该放置在至少距离电路板边缘 3 mm 以内的位置,或者距离电路板边缘等于板子厚度以内的位置。这是因为要为大批量生产中的导轨槽提供位置,此外,还要防止由外形加工而导致的电路板边缘损坏。

12.5.4　布线

布线应该注意如下几点。

(1) 应该尽可能缩短走线。拐弯处应该用圆角或者斜角,因为在高频电路和布线密度高的情况下,直角或尖角会影响电气性能。当电路板为双面板时,两面的布线应该相互垂直、斜交或者弯曲走线,要避免相互平行,以减小寄生电容。

(2) 线的宽度不仅要满足电气特性要求,还要便于生产,线宽的最小值取决于流过导线的电流大小。一般 1～1.5 mm 的线宽允许流过的电流为 2 A。通常,在集成电路芯片两焊盘之间走两条线的时候,焊盘直径为 50 mil,线宽和线间距都为 10 mil;当焊盘之间走一条线时,焊盘直径为 50 mil,线宽和线间距都为 12 mil。

(3) 为了便于生产,相邻线之间的间距应该越宽越好,同时还应该满足电气安全要求。相邻线的最小间距应该至少能承受所加电压的峰值。当布线密度较低时,间距应该尽可能大。

(4) 公共地线应该尽可能地放在电路板的边缘。在电路板上,地线应该尽可能多,从而增强屏蔽能力。

12.5.5 焊盘

对于焊盘,应该注意以下几点。

(1) 设计焊盘的内孔尺寸时,应该考虑元件引线直径和公差尺寸及锡镀层厚度、孔径公差、孔金属化电镀层厚度等方面,一般在管脚直径的基础上加上 0.2 mm 作为焊盘的内孔直径。在焊盘孔径的基础上再加上 1.2 mm 即为焊盘外径的大小,最小为焊盘孔径加上 1.0 mm。当焊盘的直径为 1.5 mm 时,可以采用方形焊盘来增强焊盘的抗剥离强度。

(2) 当与焊盘相连的线较细时,要对焊盘进行补泪滴操作,从而使焊盘不易剥离,且焊盘和线之间的连线不易断。

(3) 相邻的焊盘之间要避免出现锐角。

12.5.6 跨接线

当电路板为单面板时,如果出现一些点和线无法连接,可以使用跨接线,即用一条导线将无法连接的点和线都焊接起来。

12.6 高频布线

设计高频电路板时,要考虑高频布线、抗干扰及信号完整性分析等问题。

12.6.1 高频布线要注意的问题

为了使高频电路板的抗干扰性能更强,高频布线时应该注意以下几点。

(1) 将中间内层平面作为电源和接地层,从而起到屏蔽的作用,此外还能降低寄生电感、缩短信号线长度、降低信号间的交叉干扰。

(2) 走线采用 45° 角拐弯,从而减少高频信号的发射以及相互之间的耦合。

(3) 走线长度应越短越好,且并行线的距离越短越好。

(4) 过孔越少越好。

(5) 顶层布线方向应为水平方向,底层布线方向应为垂直方向,从而减小信号之间的干扰。

(6) 增加接地的覆铜,从而减小信号之间的干扰。

(7) 为了提高信号的抗干扰能力,可以对重要的信号线进行包地处理,还可以对干扰源进行包地处理。

(8) 信号走线应该按照菊花链方式布线,而不能采取环路。

(9) 在集成电路的电源端应该跨接去耦电容。

(10) 数字地和模拟地连接到公共地线时,需要接高频扼流器件。

12.6.2　高频布线时的抗干扰问题

为了增强系统的抗干扰能力,应该采取以下措施。

(1) 在控制器性能能满足要求的条件下,时钟频率越低越好,从而有效减弱噪声,提高系统的抗干扰能力。一般时钟频率 3 倍的高频噪声最具有危险性。

(2) 由于铜膜线电感和电容的影响,当高速信号在铜膜线上传输时,会使信号发生畸变,过大额畸变会降低系统工作的可靠性。因此,信号在电路板上传输的铜膜线应该越短越好,过孔越少越好。

(3) 当一条信号线具有脉冲信号时,它会对另外一条具有高输入阻抗的弱信号线产生干扰,因此我们需要隔离弱信号线。

(4) 电源会将噪声带入其所供电的系统中,从而会对系统中的复位、中断及其他的控制信号产生干扰,因此,应该增加电容来滤除这些电源带入的噪声。

(5) 在高频电路中,不能忽略电路板中的焊盘、覆铜、过孔、电阻、电容及电感等。

(6) 在对元件进行布局时,应该考虑抗电磁干扰的问题。各个元件之间的走线应该尽量短,还要将数字电路、模拟电路以及产生大噪声的电路分开布局,从而减小相互之间的耦合。

(7) 对于地线,采用单点接地或者多点接地的方式。将数字地、模拟地及大功率器件地分开来进行连接,然后汇集到电源的接地点。电路板以外的引线要采用屏蔽线。高频和数字信号的屏蔽电缆两端要接地,低频模拟信号的屏蔽线采用单端接地。对于对噪声和干扰很敏感的电路及高频噪声很严重的电路,应该采用金属屏蔽罩。

(8) 在进行电路板设计时,每个集成电路的电源和地之间应该加一个去耦电容,其中瓷片电容和多层陶瓷电容的高频特性较好,一般选择 $0.01 \sim 0.1$ uF 的电容。此外,一般每 10 片左右的集成电路需要增加一个 10 uF 的充放电电容。在电源端和电路板的四角这些位置,应该跨接一个 $10 \sim 100$ uF 的电容。

12.6.3　信号完整性分析

信号完整性分析,主要是分析高频电路中比较重要的信号的波形畸变程度。执行 "Tools"→"Signal Integrity"命令,就可以启动信号完整性分析的过程。

 ### 12.7　典型实例:制作晶体测试电路 PCB

将 3.9 节绘制的"晶体测试电路原理图",采用自动布线的方式生成 PCB,如图 12-28 所示。制作晶体测试电路 PCB 的具体步骤如下。

(1) 原理图画好之后,先编译无误后,再执行"Tools"→"Footprint Manager"命令,系统弹出如图 12-29 所示的"Footprint Manager"对话框,检查所有元件的封装信息。

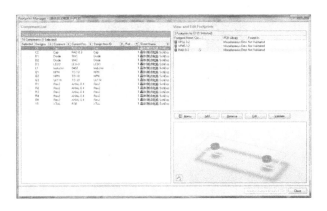

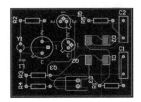

图 12-28　实例图　　　　图 12-29　"Footprint Manager"对话框

（2）在当前项目下新建一个 PCB 文件，命名为"晶体测试电路. PcbDoc"，并保存。在 Keepout Layer 层人工定义电路板的大小为 1 500 mil×2 000 mil，如图 12-30 所示。

（3）在原理图编辑界面，执行"Design"→"Update PCB Document 共射极放大电路. PcbDoc"命令，系统弹出如图 12-31 所示的"Engineering Change Order"对话框。

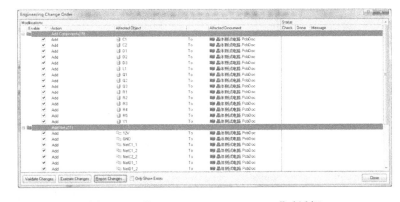

图 12-30　人工定义电路板　　　　图 12-31　"Engineering Change Order"对话框

单击该对话框中的"Validate Changes"按钮，进行验证，验证无误后，单击"Execute Changes"按钮执行，执行完成后，在 PCB 编辑界面中，所有元件的封装都已经被放置在板子的外面。

（4）将所有元件封装逐个移入电气边界线内，然后移动各个元件封装，使它们的布局尽量合理，布局后的结果如图 12-32 所示。

（5）执行"Auto Route"→"All"命令，系统开始自动布线，布线后的结果如图 12-33 所示。

（6）布线完成后，进行规则检查。执行"Tools"→"Design Rule Check"命令，系统弹出如图 12-34 所示的"Design Rule Checker"对话框。

（7）用户可以进行补泪滴操作，对 PCB 进行优化。执行"Tools"→"Teardrops"命令，系统弹出如图 12-35 所示的"Teardrop Options"对话框。

单击"OK"按钮，系统进行补泪滴操作，补泪滴后的结果如图 12-36 所示。

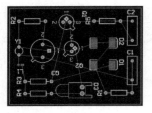
图 12-32 布局后的结果

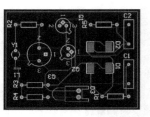
图 12-33 布线后的结果

图 12-34 "Design Rule Checker"对话框

图 12-35 "Teardrop Options"对话框

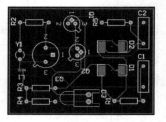
图 12-36 补泪滴后的结果

本 章 小 结

　　本章主要介绍了 PCB 自动布局、自动布线、电路板设计的一些经验及高频布线等,最后通过实例详细地讲述了整个制作 PCB 的过程。

第⑬章 　制作元件封装

13.1 　创建 PCB 元件库

本节主要介绍创建 PCB 元件封装的步骤、启动 PCB 元件库编辑器的步骤、PCB 元件库编辑器环境设置、PCB 元件库绘制工具及命令、手工绘制新的元件封装。

13.1.1 　创建 PCB 元件封装的步骤

在 Altium Designer 中,创建 PCB 元件封装的步骤如下。

(1) 创建元件库。

(2) 设置栅格及焊盘等属性。

(3) 放置焊盘。

(4) 编辑元件轮廓图。

(5) 设定元件名称。

(6) 存盘。

13.1.2 　启动 PCB 元件库编辑器

启动 PCB 元件库编辑器的步骤如下。

(1) 执行"File"→"Library"→"PCB Library"命令,如图 13-1 所示。

(2) 将鼠标指针移到新建的 PCB 元件库文件上,右击,执行"Save As"命令,在弹出的"Save As"对话框中,选择文件保存的路径,用户可根据需要更改文件的名称。

(3) 新建元件库文件之后,系统即在当前界面显示,如图 13-2 所示。

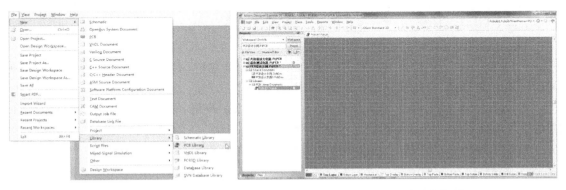

图 13-1 　新建元件库的菜单命令 　　　　图 13-2 　PCB 元件库编辑界面

在 PCB 元件库编辑器中独有的"PCB Library"面板,给用户提供了对封装库内元件封装统一编辑管理的界面,如图 13-3 所示。

"PCB Library"面板分为"Mask"栏、"Components"栏、"Component Primitives"栏及缩略图这几部分。其中,"Mask"栏用于对该库文件内的所有元件封装进行查询,并根据该栏中的内容将符合条件的元件封装列出来;"Components"栏显示的是该库文件中所有符合"Mask"

栏设定条件的元件封装名称,并显示了该元件封装的焊盘数及图元数,单击元件封装列表中的元件封装名,工作区将显示该元件的封装,在元件封装列表中右击,弹出如图 13-4 所示的快捷菜单,用户通过该快捷菜单可以方便地对元件库进行编辑;"Component Primitives"栏中显示的是构成"Components"栏中选中元件封装的所有图元。

图 13-3　"PCB Library"面板

图 13-4　"Components"栏快捷菜单

13.1.3　PCB 元件库编辑器环境设置

PCB 元件库编辑器环境设置包括对"Library Options""Layers & Colors""Layer Stack Manager"及"Preferences"的设置。下面进行详细介绍。

1. "Library Options"的设置

执行"Tools"→"Library Options"命令,或者在工作区右击,在弹出的快捷菜单中执行"Library Options"命令,系统弹出如图 13-5 所示的"Board Options"对话框。

"Board Options"对话框中各项的含义如下。

● "Measurement Unit"栏:用于设置 PCB 中测量的单位,有"Imperial"和"Metric"两种单位可供用户选择,一般建议选择英制单位"Imperial"。

● "Snap Grid"栏:用于设置捕获格点。捕获格点是指鼠标捕获的格点间距,在"X"和"Y"中可以分别设置格点间距的 X 坐标和 Y 坐标。

● "Component Grid"栏:用于设置元件格点。在"X"和"Y"中可以设置元件格点的 X 坐标和 Y 坐标。

● "Electrical Grid"栏:用于设置电气捕获格点。电气捕获格点的值应该设置得比"Snap Grid"的值小,这样才能较好地实现电气捕获。

● "Visible Grid"栏:用于设置可视格点。"Markers"下拉列表中有两种可供用户选择:"Dots"和"Lines"。可视格点分为可视格点 1 和可视格点 2。可视格点 1 的值小于可视格点 2 的值。当放大比例很小时,显示的是可视格点 1;当放大比例较大时,显示的是可视格点 2。

● "Sheet Position"栏:用于设置图纸的位置。"X"用于设置图纸在 X 轴上的位置,"Y"用于设置图纸在 Y 轴上的位置,"Width"用于设置图纸的宽度,"Height"用于设置图纸的高度。设置好图纸的尺寸后，如果勾选"Display Sheet"复选项，就可以显示图纸。

- "Display Sheet"复选项：如果勾选该复选项，系统将显示 PCB 图纸，否则将隐藏图纸。

2. "Layers & Colors"的设置

执行"Tools"→"Layers & Colors"命令，系统弹出如图 13-6 所示的"View Configurations"对话框。

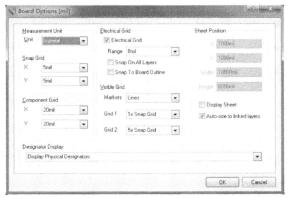

图 13-5 **"Board Options"对话框**   图 13-6 **"View Configurations"对话框**

在"View Configurations"对话框中，勾选 Mechanical 1 的"Linked To Sheet"复选项，勾选 Visible Grid 1 后的"Show"复选项，其他项保持默认设置即可，单击"OK"按钮，完成对"Layers & Colors"的设置。

3. "Layer Stack Manager"的设置

执行"Tools"→"Layer Stack Manager"命令，系统弹出如图 13-7 所示的"Layer Stack Manager"对话框。

"Layer Stack Manager"对话框中各项保持默认设置即可。

4. "Preferences"的设置

执行"Tools"→"Preferences"命令，系统弹出如图 13-8 所示的"Preferences"对话框。

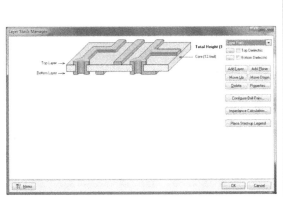

图 13-7 **"Layer Stack Manager"对话框**   图 13-8 **"Preferences"对话框**

用户根据需要设置"Preferences"对话框中的选项后，单击"OK"按钮即可。

13.1.4　PCB 元件库绘制工具

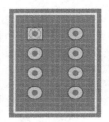

图 13-9　PCB 元件库绘制工具栏

PCB 元件库绘制工具栏如图 13-9 所示。

PCB 元件库绘制工具栏中各图标的含义如下。

- ╱ ：放置线。
- ◎ ：放置焊盘。
- ☝ ：放置过孔。
- A ：放置字符串。
- ₊₁₀,₁₀ ：放置坐标。
- ◠ ：放置以中心为基准的圆弧。
- ◡ ：放置以边界为基准的圆弧。
- ◠ ：放置以边界为基准的任意角度圆弧。
- ◯ ：放置圆。
- ▭ ：放置填充区。
- ▦ ：粘贴阵列。

图 13-10　绘制结果

13.1.5　手工绘制新的元件封装

　　手工绘制元件封装就是利用系统提供的工具，按照元件封装的实际尺寸绘制元件封装。下面绘制如图 13-10 所示的元件封装，具体尺寸为：长 500 mil，宽 400 mil，过孔尺寸 30 mil，两侧焊盘之间的距离 200 mil，每一侧焊盘之间的间距为 100 mil。下面介绍手工绘制元件封装的步骤。

　　（1）启动 PCB 元件封装编辑器。

　　（2）执行"Tools"→"New Blank Component"命令，这时在 PCB 元件封装编辑界面的元件框中会出现一个新的 PCBCOMPONENT_1 的空文件。双击 PCBCOMPONENT_1，系统弹出如图 13-11 所示的"PCB Library Component"对话框，在该对话框中，将元件名称改为 IC8。

图 13-11　"PCB Library Component"
　　　　　　对话框

　　（2）设置工作环境。执行"Tools"→"Library Options"命令，系统弹出如图 13-12 所示的"Board Options"对话框，按照图示设置好各项参数。

　　（3）设置工作区颜色。执行"Tools"→"Layers & Colors"命令，用户根据实际需要在弹出的"View Configurations"对话框中进行设置，这里不再赘述。

　　（4）设置优选项。执行"Tools"→"Preferences"命令，在弹出的"Preferences"对话框中进行设置，这里使用系统默认的设置。

　　（5）放置焊盘。单击工具栏中的 ◎ 图标，放置第一个焊盘，此时鼠标指针变为悬浮着焊盘的十字光标，按 Tab 键，系统弹出如图 13-13 所示的焊盘属性对话框。

　　在焊盘属性对话框中，将"X-Size"和"Y-Size"分别设置为"60 mil"和"70 mil"，"Shape"设置为"Rectangle"，"Designator"设置为"1"，"Hole Size"设置为"30 mil"，设置完成后单击"OK"按钮即可。

　　其他几个焊盘的"Shape"设置为"Round"，"Designator"依次设置为"2""3""4""5""6"

"7""8",坐标依次设置为(0,—100)、(0,—200)、(0,—300)、(200,—300)、(200,—200)、(200,—100)、(200,0),其他属性的设置和第一个焊盘一样。

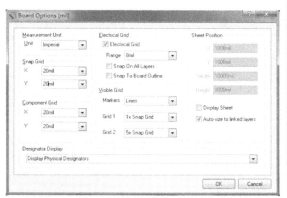

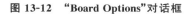

图 13-12 "Board Options"对话框   图 13-13 焊盘属性编辑对话框

(6) 绘制导线。选择 Top Overlayer 层,单击绘图工具栏中的 ✎ 图标,鼠标指针变为十字光标,移动光标到第一个焊盘的附近,单击确定矩形轮廓的起点,拖动鼠标画出一个矩形框。根据元件封装的实际大小,矩形框的四个顶点的坐标依次为(—100,100)、(300,100)、(—100,—400)、(300,—400),绘制完成的元件封装如图 13-10 所示。

(7) 保存文件。

 ## 13.2 利用向导绘制 PCB 元件封装

下面以绘制电容封装为例,详细讲述利用向导绘制 PCB 元件封装的具体步骤。

(1) 启动 PCB 元件封装编辑器。

(2) 执行"Tools"→"Component Wizard"命令,系统弹出如图 13-14 所示的"Component Wizard"对话框。

(3) 单击"Next"按钮,系统进入元件封装模式选择界面,如图 13-15 所示,选择"Capacitors"封装模式,在"Select a unit"下拉列表中选择"Imperial(mil)"单位。

(4) 单击"Next"按钮,系统进入通孔或表贴选择界面,如图 13-16 所示,这里我们选择"Through Hole"(通孔)。

(5) 单击"Next"按钮,系统进入焊盘尺寸设置界面,包括焊盘内径和外径的设置,这里我们使用系统默认设置,用户可以根据实际需要进行设置,如图 13-17 所示。

(6) 单击"Next"按钮,系统进入引脚间距设置界面,如图 13-18 所示,这里使用默认设置。

(7) 单击"Next"按钮,系统进入轮廓类型设置界面,包括设置电容的极性和形式,如图 13-19 所示,电容分有极性和无极性两种,形式分为轴式的和圆形的,这里使用默认设置。

图 13-14　"Component Wizard"对话框　　　　　图 13-15　元件封装模式选择界面

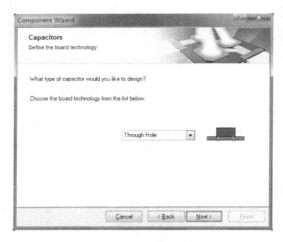

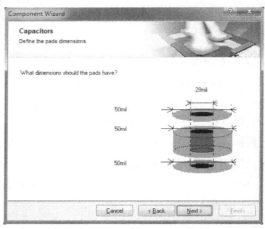

图 13-16　通孔或表贴选择界面　　　　　图 13-17　焊盘尺寸设置界面

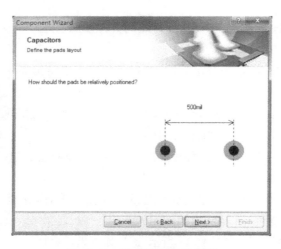

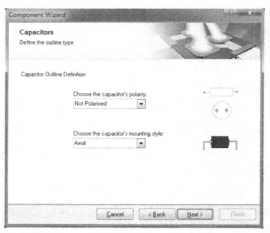

图 13-18　引脚间距设置界面　　　　　图 13-19　轮廓类型设置界面

（8）单击"Next"按钮，系统进入轮廓尺寸设置界面，如图 13-20 所示，这里使用默认设置。

（9）单击"Next"按钮，系统进入元件名称设置界面，如图 13-21 所示。

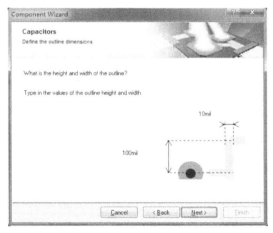

图 13-20 轮廓尺寸设置界面

图 13-21 元件名称设置界面

（10）单击"Next"按钮，系统进入元件封装制作完成界面，如图 13-22 所示。

（11）单击"Finish"按钮，退出封装向导。一个电容的封装就制作好了，工作区显示封装图形，如图 13-23 所示。

图 13-22 元件封装制作完成界面

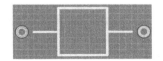

图 13-23 电容封装

 ## 13.3 创建集成封装库

Altium Designer Summer 09 为用户提供了集成库形式的库文件，即将原理图和与其对应的模型库文件如 PCB 元件封装库、Spice 和信号完整性模型等集成到一起。

创建集成封装库的具体步骤如下。

（1）新建集成库项目文件。执行"File"→"New"→"Project"→"Integrated Library"命令，如图 13-24 所示，新建一个项目文件，并保存为"示例.LibPkg"。

（2）新建原理图库文件。执行"File"→"New"→"Library"→"Schematic Library"命令，新建原理图库文件，并保存为"示例.SchLib"。

（3）新建 PCB 库文件。执行"File"→"New"→"Library"→"PCB Library"命令，新建PCB 库文件，并保存为"示例.PcbLib"。

（4）在新建的"示例.SchLib"和"示例.PcbLib"中分别绘制好元件的原理图符号和对应的 PCB 封装。

图 13-24　新建项目文件菜单命令

（5）在原理图库的编辑界面下，建立元件的原理图库和 PCB 库的对应关系。执行"Tools"→"Model Manager"命令，系统弹出如图 13-25 所示的"Model Manager"对话框。

（6）选中某一个元件的原理图符号，单击"Add Footprint"按钮，系统弹出如图 13-26 所示的"PCB Model"对话框。

图 13-25　"Model Manager"对话框　　　　图 13-26　"PCB Model"对话框

（7）单击"Browse"按钮，找到该元件的 PCB 封装，单击"OK"按钮即可。

（8）编译。执行"Project"→"Compile Integrated Library 示例. LibPkg"命令，编译该集成库文件。此时，"Messages"面板中会显示错误和警告的提示。用户根据错误提示信息，进行修改，直到编译无误，这个集成文件库文件就制作完成了。

13.4　典型实例：制作 OP07 的集成封装库

（1）新建集成库项目文件。执行"File"→"New"→"Project"→"Integrated Library"命

令,新建一个项目文件,并保存为"OP07. LibPkg"。

(2) 新建原理图库文件。执行"File"→"New"→"Library"→"Schematic Library"命令,新建原理图库文件,并保存为"OP07. SchLib"。

(3) 新建 PCB 库文件。执行"File"→"New"→"Library"→"PCB Library"命令,新建PCB 库文件,并保存为"OP07. PcbLib"。

(4) 在新建的"OP07. SchLib"中绘制好元件的原理图符号。绘制好的原理图符号如图13-27 所示。

(5) 在新建的"OP07. PcbLib"中绘制好元件的 PCB 封装。绘制好的 PCB 封装如图13-28所示。

(6) 在原理图库的编辑界面下,建立元件的原理图库和 PCB 库的对应关系。执行"Tools"→"Model Manager"命令,系统弹出如图 13-29 所示的"Model Manager"对话框。

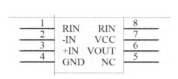

图 13-27　绘制好的原理图符号

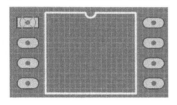

图 13-28　绘制好的 PCB 封装

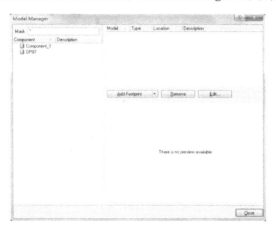

图 13-29　"Model Manager"对话框

(7) 选中 OP07 的原理图符号,单击"Add Footprint"按钮,系统弹出如图 13-30 所示的"PCB Model"对话框。

(8) 单击"Browse"按钮,系统弹出如图 13-31 所示的"Browse Libraries"对话框,找到该元件的 PCB 封装,单击"OK"按钮即可。

图 13-30　"PCB Model"对话框

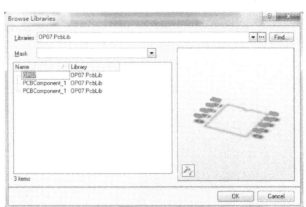

图 13-31　"Browse Libraries"对话框

（9）编译。执行"Project"→"Compile Integrated Library OP07. LibPkg"命令，编译该集成库文件，此时系统弹出如图 13-32 所示的提示对话框。

单击"OK"按钮，查看"Messages"面板，如图 13-33 所示。

由图 13-33 可知，没有错误和警告的提示，到此这个集成文件库文件就制作成功了。

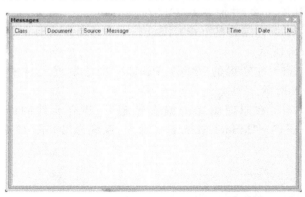

图 13-32　提示对话框　　　　　　　　　　图 13-33　　"Messages"面板

本 章 小 结

本章主要介绍了如何制作元件封装，包括手工制作元件封装和利用向导制作元件封装，最后介绍了如何制作集成封装库，并且通过实例更加详细地说明了制作元件封装的具体操作步骤。

第14章　PCB 工程设计实例

 14.1　I/V 变换信号调理电路的 PCB 设计

本节是在第 6 章设计的 I/V 变换信号调理电路原理图的基础上，设计其对应的 PCB。

14.1.1　新建 PCB 文件和确定 PCB 的尺寸

（1）在当前项目下，打开"Files"面板，在"New from template"项下选择"PCB Board Wizard"，此时系统弹出如图 14-1 所示的"PCB Board Wizard"对话框。

（2）单击"Next"按钮，系统弹出如图 14-2 所示的"Choose Board Units"对话框，这里选择"Imperial"（英制单位）。

图 14-1　"PCB Board Wizard"对话框

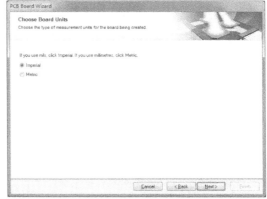

图 14-2　"Choose Board Units"对话框

（3）单击"Next"按钮，弹出如图 14-3 所示的"Choose Board Profiles"对话框，这里选择"Custom"项，用户自定义板子的各种参数。

（4）单击"Next"按钮，弹出如图 14-4 所示的"Choose Board Details"对话框，设置电路板的尺寸。

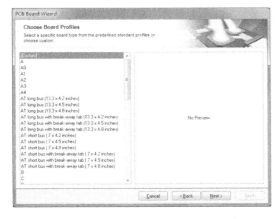

图 14-3　"Choose Board Profiles"对话框

图 14-4　"Choose Board Details"对话框

（5）单击"Next"按钮，弹出如图 14-5 所示的"Choose Board Layers"对话框，这里设计双面板，设置"Signal Layers"（信号层）为 2，"Power Planes"（电源层）为 0。

（6）单击"Next"按钮，弹出如图 14-6 所示的"Choose Via Style"对话框，这里选择"Thruhole Vias only"（穿透过孔）。

图 14-5 "Choose Board Layers"对话框　　图 14-6 "Choose Via Style"对话框

（7）单击"Next"按钮，弹出如图 14-7 所示的"Choose Component and Routing Technologies"对话框，这里我们选择"Surface-mount components"（表贴元件），在第二项中选择"No"。

（8）单击"Next"按钮，弹出如图 14-8 所示的"Choose Default Track and Via sizes"对话框，在该对话框中，可以设置导线和过孔的尺寸，以及设置导线间的间距。这里采用默认设置。

 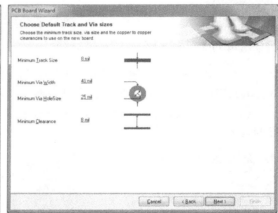

图 14-7 "Choose Component and Routing　　图 14-8 "Choose Default Track and Via sizes"对话框
　　　　Technologies"对话框

（9）单击"Next"按钮，弹出如图 14-9 所示的对话框。

（10）单击"Finish"按钮，系统自动进入 PCB 编辑界面，并且显示的是规划好的电路板，如图 14-10 所示。

14.1.2　导入元件封装

编译原理图，无误后，执行"Tools"→"Footprint Manager"命令，检查所有元件的封装信息。确认所有元件的封装信息之后,即可将元件封装导入到 PCB 文件中。

图 14-9　完成

图 14-10　规划好的电路板

在原理图界面,执行"Design"→"Update PCB Document 信号调理电路.PcbDoc"命令,系统弹出如图 14-11 所示的"Engineering Change Order"对话框。

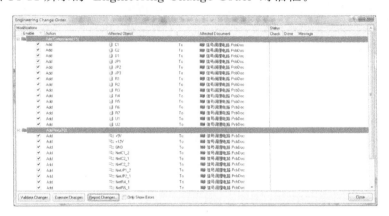

图 14-11　"Engineering Change Order"对话框

单击"Validate Changes"按钮,进行验证,验证无误后,单击"Execute Changes"按钮。所有元件的封装被成功导入到 PCB 文件中,如图 14-12 所示。

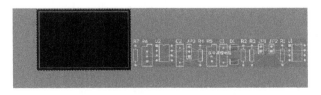

图 14-12　导入元件封装的结果

14.1.3　定制 PCB 环境

PCB 元件库编辑器环境设置包括对"Library Options""Layers & Colors""Layer Stack Manager"及"Preferences"的设置。这些内容已经在第 13 章中详细介绍过,这里不再赘述。

14.1.4 元件布局

在设计 PCB 的过程中,元件布局起着至关重要的作用。在对元件进行布局时,需要注意的一般规则是,连接器一般放在电路板的边缘,这样有利于接线和拔插;核心元件一般放置在电路板中心,与之相关的电阻、电容放置在其附近,去耦电容应该尽量接近电源端。元件布局后的结果如图 14-13 所示。

14.1.5 人工布线

在完成元件布局之后,开始对 PCB 进行人工布线。在双层板的布线过程中,顶层和底层都可以布线,顶层布的线是红色的,底层布的线是蓝色的。一般的布线规则是:顶层布线与底层布线应尽量垂直。人工布线完成后的结果如图 14-14 所示。

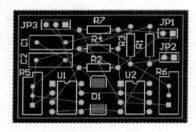
图 14-13　元件布局后的结果

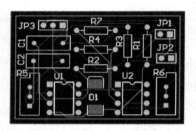
图 14-14　人工布线完成后的结果

14.1.6 设计规则检查

PCB 布线完成后,需要对其进行设计规则检查。执行"Tools"→"Design Rule Check"命令,系统弹出如图 14-15 所示的"Design Rule Checker"对话框。

单击"Design Rule Checker"对话框中的"Run Design Rule Check"按钮,系统自动进行设计规则检查。检查结果会显示在"Messages"面板中,如图 14-16 所示。

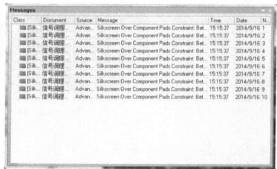

图 14-15　"Design Rule Checker"对话框　　　　图 14-16　"Messages"面板

由图 14-16 可知,丝印层的线条与元件焊盘的距离太近了,系统提示出错。我们需要修改对应的规则,执行"Design"→"Rules"命令,在"Design Rules"中找到"Silkscreen Over

Component Pads"项,双击该项,即可看到该规则的具体设置,如图 14-17 所示。

将"Silkscreen Over Exposed Component Pads Clearance"项的默认设置 10 mil 改为 8 mil,单击"OK"按钮即可。然后重新执行"Tools"→"Design Rule Check"命令,单击"Design Rule Checker"对话框中的"Run Design Rule Check"按钮,系统重新进行设计规则检查。检查结果如图 14-18 所示。

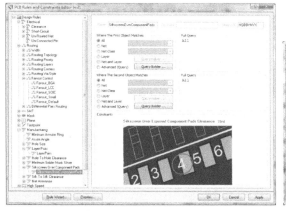

图 14-17 "Silkscreen Over Component Pads"规则

图 14-18 检查结果

由图 14-18 可知,显示没有错误,因此 PCB 绘制成功。

14.1.7 补泪滴和覆铜

在 PCB 设计完成后,要对 PCB 板进行补泪滴和覆铜操作。

(1) 执行"Tools"→"Teardrops"命令,系统弹出如图 14-19 所示的"Teardrop Options"对话框。

选中"Add"项,单击"OK"按钮,系统自动进行补泪滴,补完泪滴后的结果如图 14-20 所示。

图 14-19 "Teardrop Options"对话框

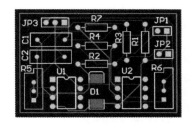

图 14-20 补完泪滴后的结果

(2) 给电路板覆铜。单击 图标,系统弹出如图 14-21 所示的"Polygon Pour"对话框。

在"Polygon Pour"对话框中,设置覆铜和地网络连接,覆铜层选择顶层,先给顶层覆铜。然后用鼠标绘制一个矩形将电路板包围。顶层覆铜后的结果如图 14-22 所示。

然后给底层覆铜。设置覆铜和地网络连接,覆铜层选择底层,然后用鼠标绘制一个矩形将电路板包围。底层覆铜后的结果如图 14-23 所示。

14.1.8 生成元件清单

为了便于采购元件,电路设计完成后应该生成元件清单。

执行"Reports"→"Bill of Materials"命令,系统弹出如图 14-24 所示的"Bill of Materials

For PCB Document"对话框。

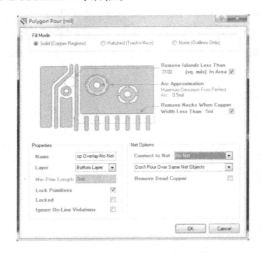

图 14-21 "Polygon Pour"对话框

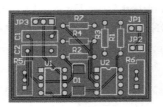

图 14-22 顶层覆铜后的结果

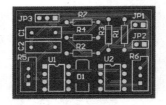

图 14-23 底层覆铜后的结果

在"Bill of Materials For PCB Document"对话框中设置好元件报表的选项后,单击"Menu"按钮,执行"Report"命令,系统弹出如图 14-25 所示的元件报表预览对话框。

图 14-24 "Bill of Materials For PCB Document"对话框

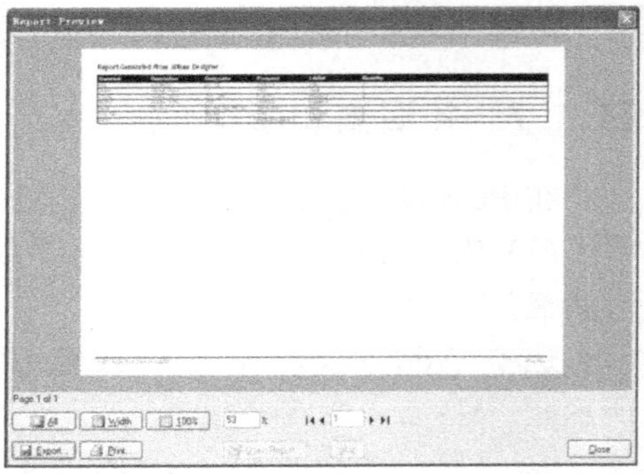

图 14-25 元件报表预览对话框

单击"Export"按钮,可以保存元件清单。保存之后,用户可以单击"Open Report"按钮,打开报表。单击"Print"按钮,打印元件报表。

 ## 14.2 小型调频发射机电路的 PCB 设计

本节是在第 6 章设计的小型调频发射机电路原理图的基础上,设计其对应的 PCB。

14.2.1 建立 PCB 文件

在当前项目下,执行"File"→"New"→"PCB"命令,新建一个 PCB 文件,并命名为"小型调频发射机电路.PcbDoc"。

14.2.2 导入元件封装

在原理图编辑界面,编译原理图无误后,执行"Tools"→"Footprint Manager"命令,系统弹出如图 14-26 所示的"Footprint Manager"对话框。

逐个检查每个元件的封装，发现 BA1404 和 TRANS4 没有封装，所以我们需要绘制元件封装。

首先绘制 BA1404 的封装。执行"File"→"New"→"Library"→"PCB Library"命令，新建一个 PCB 库文件，并命名为"小型调频发射机电路.PcbLib"。执行"Tools"→"Component Wizard"命令，利用向导绘制元件封装。具体步骤见第 13 章相应小节的详细内容。绘制完成的 BA1404 封装如图 14-27 所示。

然后绘制 TRANS4 的封装。本实例中音频变压器有五个管脚，经过测量得到如下参数：长 1 000 mil，宽 800 mil，两侧管脚与边沿距离为 200 mil，1 脚与 4 脚的距离为 600 mil，2 脚与 5 脚的距离为 600 mil，2 脚与 3 脚的距离为 300 mil。放置五个焊盘，焊盘的"X-Size"和"Y-Size"均为 70 mil，"Hole Size"为 40 mil。单击工具栏中的放置焊盘的工具，在参考点附近放置第 1 个焊盘，其坐标为（0，0）；放置第 2 个焊盘，其坐标为（0，800）；放置第 3 个焊盘，其坐标为（300，800）；放置第 4 个焊盘，其坐标为（600，0）；放置第 5 个焊盘，其坐标为（600，800）。为了更加清楚地表示该封装，还需要在"TopOverLayer"绘制标识图。首先将 PCB 库文件视图切换到丝印层，接着单击布线工具，在焊盘周围绘制一个矩形，绘制完成后的结果如图 14-28 所示。

图 14-26　"Footprint Manager"对话框

图 14-27　绘制完成的
BA1404 封装

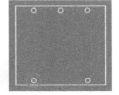

图 14-28　绘制完成的
TRANS4 封装

执行"Tools"→"Footprint Manager"命令，分别给 BA1404 和 TRANS4 添加封装。单击"Add"按钮，系统弹出如图 14-29 所示的"PCB Model"对话框。

单击"Browse"按钮，系统弹出如图 14-30 所示的"Browse Libraries"对话框。

依次给 BA1404 和 TRANS4 添加绘制的封装，单击"OK"按钮。然后单击"Footprint Manager"对话框中的"Accept Changes"按钮，保存。

检查所有元件的封装无误后，在原理图界面，执行"Design"→"Update PCB Document 小型调频发射机电路.PcbDoc"命令，系统弹出如图 14-31 所示的"Engineering Change Order"对话框。

单击"Validate Changes"按钮，进行验证，验证无误后，单击"Execute Changes"按钮。此时，所有元件的封装已经被成功导入到 PCB 文件中，如图 14-32 所示。

图 14-29 "PCB Model"对话框

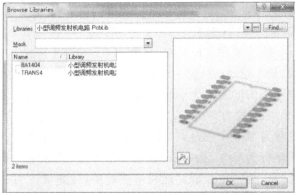

图 14-30 "Browse Libraries"对话框

图 14-31 "Engineering Change Order"对话框

图 14-32 导入元件封装的结果

14.2.3　元件布局

导入元件封装之后，就可以对元件进行布局了，手动布局后的结果如图 14-33 所示。

14.2.4　设定布线规则

在进行自动布线之前，需要对布线规则进行设置，主要是设置实践过程中需要注意和常用的规则。具体步骤如下。

（1）执行"Design"→"Rules"命令，系统弹出如图 14-34 所示的"PCB Rules and Constraints Editor"对话框。

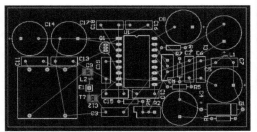

图 14-33　布局后的结果

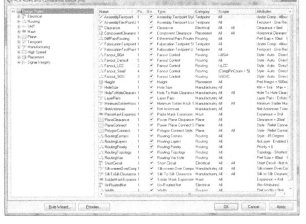

图 14-34　"PCB Rules and Constraints Editor"对话框

（2）选择"Clearance"，系统将弹出如图 14-35 所示的对话框，将导线之间的安全间距设置为 10 mil。

（3）选择"Width"，系统将弹出如图 14-35 所示的对话框，在该对话框中依次设置信号线和电源线的宽度。一般情况下，信号线的宽度设置为 10～15 mil，电源线的宽度设置为 30～60 mil，对信号线的宽度设置如图 14-36 所示。

图 14-35　"Clearance"规则

图 14-36　对信号线的宽度设置

（4）对电源线的宽度进行设置。将鼠标指针移到"Width"上，右击，执行"New Rule"命令，添加一个新的规则，对电源网络线宽的设置如图 14-37 所示。

（5）将鼠标指针移到"Width"上，右击，执行"New Rule"命令，添加一个新的规则，设置接地网络线宽，如图 14-38 所示。

用户可以根据自己的实际需求，对其他的一些规则进行设置。

14.2.5　自动布线

规则设置好之后，就可以进行自动布线了。执行"Auto Route"→"All"命令，系统弹出如图 14-39 所示的"Situs Routing Strategies"对话框。

选择"Default 2 Layer Board"布线策略，单击"Route All"按钮，系统开始自动布线。自动布线后的结果如图 14-40 所示。

| 图 14-37 对电源网络线宽的设置 | 图 14-38 设置接地网络线宽 |

图 14-39 "Situs Routing Strategies"对话框

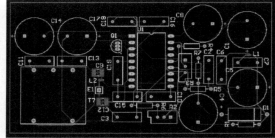

图 14-40 自动布线后的结果

14.2.6 设计规则检查

自动布线完成后,进行设计规则检查。执行"Tools"→"Design Rule Check"命令,系统弹出如图 14-41 所示的"Design Rule Checker"对话框。

单击"Design Rule Checker"对话框中的"Run Design Rule Check"按钮,系统自动进行设计规则检查。检查结果会显示在"Messages"面板中,如图 14-42 所示。

由图 14-42 可知,丝印层的线条与元件焊盘的距离太近了,系统提示出错。我们需要修改对应的规则,执行"Design"→"Rules"命令,在"Design Rules"中找到"Silkscreen Over Component Pads"项,将"Silkscreen Over Exposed Component Pads Clearance"项的默认设置 10 mil 改为 7.8 mil,单击"OK"按钮即可。

图 14-41 "Design Rule Checker"对话框   图 14-42 "Messages"面板

此外,还有一类错误,最小阻焊间隙太小。执行"Design"→"Rules"命令,在"Design Rules"中找到"Minimum Solder Mask Sliver"项,将"Minimum Solder Mask Sliver"项的默认设置 10 mil 改为 2.5 mil,单击"OK"按钮即可。

然后重新执行"Tools"→"Design Rule Check"命令,单击"Design Rule Checker"对话框中的"Run Design Rule Check"按钮,系统重新进行设计规则检查。检查结果如图 14-43 所示。

由图 14-43 可知,显示没有错误,因此 PCB 绘制成功。

14.2.7 补泪滴和覆铜

(1) 执行"Tools"→"Teardrops"命令,系统弹出如图 14-44 所示的"Teardrop Options"对话框。

选中"Add"项,单击"OK"按钮,系统自动进行补泪滴,补完泪滴后的结果如图 14-45 所示。

图 14-43 检查结果

图14-44 "Teardrop Options"对话框

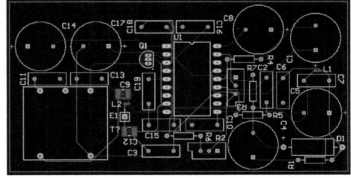

图 14-45 补完泪滴后的结果

（2）给电路板覆铜。单击 ▨ 图标,系统弹出如图 14-46 所示的"Polygon Pour"对话框。

在"Polygon Pour"对话框中,设置覆铜和地网络连接,覆铜层选择顶层,先给顶层覆铜。然后用鼠标绘制一个矩形将电路板包围,顶层覆铜后的结果如图 14-47 所示。

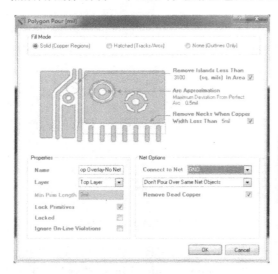

图 14-46　"Polygon Pour"对话框

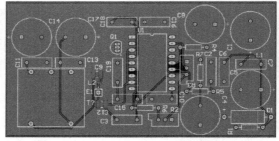

图 14-47　顶层覆铜后的结果

然后给底层覆铜。设置覆铜和地网络连接,覆铜层选择底层,然后用鼠标绘制一个矩形将电路板包围,底层覆铜后的结果如图 14-48 所示。

14.2.8　生成元件清单

执行"Reports"→"Bill of Materials"命令,生成元件清单,导出后的元件清单如图 14-49 所示。

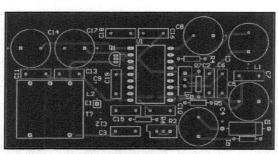

图 14-48　底层覆铜后的结果

	A	B	C	D	E	F	G	H	I	J	K
1	Report Generated From Altium Designer										
2											
3	Cap Pol1		Polarized Capacitor (Radial)		C1,C4,C5, C8,C14, C17,		RB7.6-15		Cap Pol1		6
4	Cap		Capacitor		C2,C3,C6, C7,C10, C11,C13, C15,C16, C18,C19,		RAD-0.3		Cap		11
5	Cap Var		Variable or Adjustable Capacitor		C9,C12,		CAPC3225N		Cap Var		2
6	3V		Zener Diode		D1		DIODE-0.7		D Zener		1
7	50		Generic Antenna		E1		P1N1		Antenna		1
8	Inductor		Inductor		L1,L2		INDC1005AL		Inductor		2
9	NPN		NPN Bipolar Transistor		Q1		BCY-W3		NPN		1
10	Res2		Resistor		R1,R4,R5,R6,R7		AXIAL-0.4		Res2		5
11	RPot		Potentiometer		R2,R3		VR5		RPot		2
12	TRANS4				T?		TRANS4		TRANS4		1
13	BA1404				U1		BA1404		BA1404		1
14	星期日30-十一月-30/2014 2:42:04 PM										

图 14-49　元件清单

本 章 小 结

本章结合 I/V 信号变换调理电路和小型调频发射机电路,详细讲述了新建 PCB 文件、确定 PCB 板的尺寸、导入元件封装、元件布局、布线、设计规则检查、补泪滴及覆铜等操作。

第⑮章 电 路 仿 真

电路仿真,就是用户直接利用 EDA 软件自身提供的功能,对设计的电路进行仿真。用户可以通过对电路原理图进行仿真,根据仿真得出的系统性能指标对电路的参数进行适当的调整,从而优化系统性能。Altium Designer Summer 09 不仅提供了功能完备的电路设计工具,而且具备强大的电路仿真能力。本章主要讲解 SIM 仿真库中的主要元件、SIM 仿真库中的激励源、仿真器的设置和电路仿真,最后详细讲解二极管伏安特性电路的仿真,希望读者能通过这个实例掌握电路仿真的基本方法。

15.1 概述

Altium Designer Summer 09 提供了多种仿真激励源,它们存放在"Altium Designer Summer 09/Library/Simulation/ Simulation Sources. IntLib"集成库中。仿真激励源是仿真时输入到电路中的测试信号,这些激励源都是理想的激励源,即电压源的内阻为零,电流源的内阻为无穷大。

在 Altium Designer Summer 09 中执行仿真,需要从元件库中放置所需的元件,连接好原理图,加上激励源,然后单击仿真按钮即可自动开始仿真。

15.2 SIM 仿真库中的特殊元件

1. ". IC"元件

". IC"元件主要用于为电路中的某一个节点提供电压初值,如图 15-1 所示。

将". IC"元件放在需要设置电压初值的节点上,然后设置该元件的仿真参数,就可以为节点提供电压初值。". IC"元件需要设置的仿真参

图 15-1 ". IC"元件

数只有一个,即节点的电压初值。双击". IC"元件,系统弹出如图 15-2 所示的属性对话框。

双击"Models for IC? -. IC"栏"Type"列下的"Simulation"项,系统弹出如图 15-3 所示的". IC"元件仿真参数设置对话框。

在"Parameters"选项卡中,在"Initial Voltage"中设置相应节点的电压初值,这里设置为"0V",设置完之后的". IC"元件如图 15-4 所示。

使用". IC"元件为某一节点提供电压初值后,当用户采用瞬态特性分析的仿真方式时,如果选择"Use Initial Conditions",那么仿真程序就会采用". IC"元件为节点提供的电压初值作为瞬态特性分析的初始条件。

当电路中有储能元件时,比如电容,如果给电容两端设置了电压初始值,同时在与电容相连的导线上放置了". IC"元件,且给". IC"元件设置了电压初值,那么在进行瞬态特性分析方式的仿真时,仿真程序会采用电容两端的电压初值,也就是说,一般元件的优先级高于". IC"元件的优先级。

图 15-2 ".IC"元件属性对话框

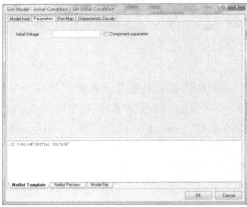

图 15-3 ".IC"元件仿真参数设置对话框

2. ".NS"元件

".NS"元件用于在对双稳态或单稳态电路进行瞬态特性分析时,设置某个节点的电压预收敛值,如图 15-5 所示。

0V

图 15-4 设置完参数后的".IC"元件   图 15-5 ".NS"元件

将".NS"元件放置在需要设置电压预收敛值的节点上,通过设置该元件的仿真参数就可以设置对应节点的电压预收敛值。该元件的仿真参数需要设置的只有一个,即节点的电压预收敛值。双击该元件,系统弹出如图 15-6 所示的属性对话框。

双击"Models for NS? -.NS"栏"Type"列下的"Simulation"项,系统弹出如图 15-7 所示的".NS"元件仿真参数设置对话框。

图 15-6 ".NS"元件属性对话框

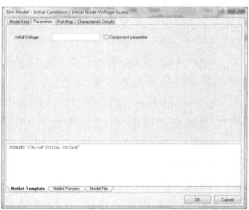

图 15-7 ".NS"元件仿真参数设置对话框

在"Parameters"选项卡中,在"Initial Voltage"中设置相应节点的电压预收敛值,这里设置为"10V",设置完之后的".NS"元件如图 15-8 所示。

如果在电路的某一节点处同时放置了".NS"元件和".IC"元件,那么在放置的时候,".

IC"元件的优先级高于".NS"元件的优先级。

3. 仿真数学函数

Altium Designer Summer 09 还提供了仿真数学函数,它们用于对电路中的两个节点信号进行各种合成运算,包括加、减、乘、除,还可以用于对电路中的一个节点信号进行变换,包括正弦变换、余弦变换等。

仿真数学函数存放在"Altium Designer Summer 09/Library/Simulation/ Simulation Math Function.IntLib"集成库中,用户只需要将仿真数学模块放到电路中需要进行信号处理的位置即可。将两个节点电压信号相减的仿真数学函数"SUBV"如图 15-9 所示。

图 15-8 设置完参数的 ".NS"元件

图 15-9 仿真数学函数"SUBV"

 ## 15.3 SIM 仿真库中的激励源

常用的仿真激励源有如下几种。

1. 直流电压/电流源

直流电压源"VSRC"和直流电流源"ISRC"分别用于为电路提供不变的电压信号和电流信号,符号如图 15-10 所示。

它们需要设置的仿真参数是相同的,双击仿真直流电压源,系统弹出如图 15-11 所示的"Component Properties"对话框。

图 15-10 直流电压源符号和直流电流源符号

双击"Models for V? -VSRC"栏"Type"列下的"Simulation"项,系统弹出如图 15-12 所示的"VSRC"仿真参数设置对话框。

图 15-11 "Component Properties"对话框

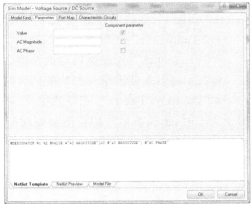

图 15-12 "VSRC"仿真参数设置对话框

"VSRC"仿真参数设置对话框"Parameters"选项卡中各项的含义如下。

● "Value":直流电压值。

● "AC Magnitude":交流小信号分析的相应值。

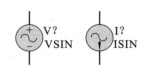
● "AC Phase"：交流小信号分析的相位值。

2. 正弦信号激励源

图 15-13　正弦电压源和
正弦电流源符号

正弦信号激励源包括正弦电压源"VSIN"和正弦电流源"ISIN"，用于为仿真电路提供正弦激励信号，符号如图 15-13 所示。

双击正弦电压源，系统弹出如图 15-14 所示的"Component Properties"对话框。

双击"Models for V？-VSIN"栏"Type"列下的"Simulation"项，系统弹出如图 15-15 所示的"VSIN"仿真参数设置对话框。

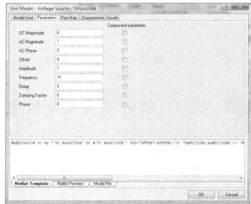

图 15-14　"Component Properties"对话框　　图 15-15　"VSIN"仿真参数设置对话框

"VSIN"仿真参数设置对话框"Parameters"选项卡中各项的含义如下。

● "DC Magnitude"：直流电压，正弦信号的直流参数，一般设置为 0。

● "AC Magnitude"：交流小信号分析的电压值，一般设置为 1。如果不进行小信号分析，则用户可将其设置为任意值。

● "AC Phase"：交流小信号分析的电压初始相位值，一般设置为 0。

● "Offset"：幅值偏移量，正弦信号上叠加的直流分量。

● "Amplitude"：正弦波信号的幅值。

● "Frequency"：正弦波信号的频率。

● "Delay"：正弦波信号初始的延时时间。

● "Damping Factor"：正弦波信号的阻尼因子，它影响正弦波信号的幅值变化。当阻尼因子为正时，正弦波信号的幅值会随时间的增长而衰减；当阻尼因子为负时，正弦波信号的幅值会随时间的增长而增长；当阻尼因子为 0 时，幅值不变。

● "Phase"：正弦波信号的初始相位。

3. 周期脉冲源

周期脉冲源包括脉冲电压激励源"VPULSE"和脉冲电流激励源"IPULSE"，为仿真电路提供周期性的连续脉冲激励，符号如图 15-16 所示。

双击脉冲电压激励源，系统弹出如图 15-17 所示的"Component Properties"对话框。

图 15-16　脉冲电压脉激励源和
脉冲电流激励源符号

双击"Models for V？-VPULSE"栏"Type"列下的"Simulation"项,系统弹出如图 15-18 所示的"VPULSE"仿真参数设置对话框。

图 15-17 "Component Properties"对话框

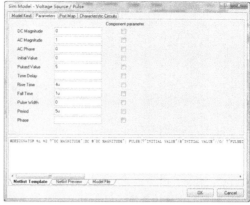

图 15-18 "VPULSE"仿真参数设置对话框

在"VPULSE"仿真参数设置对话框"Parameters"选项卡中各项的含义如下。

- "DC Magnitude":直流电压,脉冲信号的直流参数,一般设置为 0。
- "AC Magnitude":交流小信号分析的电压值,一般设置为 1。如果不进行小信号分析,则用户可将其设置为任意值。
- "AC Phase":交流小信号分析的电压初始相位值,一般设置为 0。
- "Initial Value":脉冲信号的初始电压值。
- "Pulsed Value":脉冲信号的电压幅值。
- "Time Delay":延迟时间。
- "Rise Time":脉冲信号的上升时间。
- "Fall Time":脉冲信号的下降时间。
- "Pulse Width":脉冲宽度。
- "Period":脉冲信号的周期。
- "Phase":脉冲信号的初始相位。

4. 分段线性激励源

分段线性激励源包括分段线性电压源"VPWL"和分段线性电流源"IPWL",符号如图 15-19 所示。

双击电压源,在弹出的"Component Properties"对话框中,双击"Models for V？-VPWL"栏"Type"列下的"Simulation"项,系统弹出如图 15-20 所示的"VPWL"仿真参数设置对话框。

"VPWL"仿真参数设置对话框"Parameters"选项卡中各项的含义如下。

- "DC Magnitude":直流电压,分段线性电压信号的直流参数,一般设置为 0。
- "AC Magnitude":交流小信号分析的电压值,一般设置为 1。如果不进行小信号分析,则用户可将其设置为任意值。
- "AC Phase":交流小信号分析的电压初始相位值,一般设置为 0。
- "Time/Value Pairs":分段线性电压信号在分段点处的时间和电压值。时间是横坐标,电压值是纵坐标。单击"Add"按钮,可以添加分段点,单击"Delete"按钮,可以删除分段点。

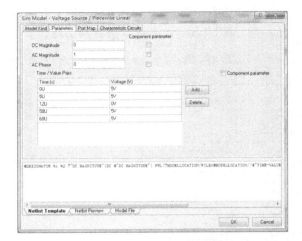

图 15-20　"VPWL"仿真参数设置对话框

图 15-19　分段线性电压源和分段线性电流源符号

5. 指数激励源

指数激励源包括指数电压激励源"VEXP"和指数电流激励源"IEXP",用于为仿真电路提供带有指数上升沿或者指数下降沿的脉冲激励信号,符号如图 15-21 所示。

双击指数电压激励源,在弹出的"Component Properties"对话框中,双击"Models for V? - VEXP"栏"Type"列下的"Simulation"项,系统弹出如图 15-22 所示的"VEXP"仿真参数设置对话框。

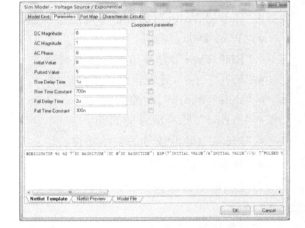

图 15-22　"VEXP"仿真参数设置对话框

图 15-21　指数电压激励源和指数电流激励源符号

"VEXP"仿真参数设置对话框"Parameters"选项卡中各项的含义如下。

● "DC Magnitude":直流电压,指数电压信号的直流参数,一般设置为 0。

● "AC Magnitude":交流小信号分析的电压值,一般设置为 1。如果不进行小信号分析,则用户可将其设置为任意值。

● "AC Phase":交流小信号分析的电压初始相位值,一般设置为 0。

● "Initial Value":指数电压信号的初始电压值。

● "Pulsed Value":指数电压信号的跳变电压值。

● "Rise Delay Time":指数电压信号的上升延迟时间。

- "Rise Time Constant":指数电压信号的上升时间。
- "Fall Delay Time":指数电压信号的下降延迟时间。
- "Fall Time Constant":指数电压信号的下降时间。

6. 单频调频激励源

单频调频激励源包括单频调频电压源"VSFFM"和单频调频电流源"ISFFM",用于为仿真电路提供单频调频的激励信号,符号如图 15-23 所示。

双击单频调频电压源,在弹出的"Component Properties"对话框中,双击"Models for V? - VSFFM"栏"Type"列下的"Simulation"项,系统弹出如图 15-24 所示的"VSFFM"仿真参数设置对话框。

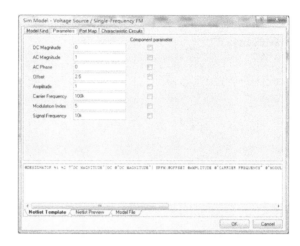

图 15-23　单频调频电压源和单频调频电流源符号　　图 15-24　"VSFFM"仿真参数设置对话框

"VSFFM"仿真参数设置对话框"Parameters"选项卡中各项的含义如下。

- "DC Magnitude":直流电压,单频调频电压信号的直流参数,一般设置为 0。
- "AC Magnitude":交流小信号分析的电压值,一般设置为 1。如果不进行小信号分析,则用户可将其设置为任意值。
- "AC Phase":交流小信号分析的电压初始相位值,一般设置为 0。
- "Offset":幅值偏移量,单频调频电压信号上叠加的直流分量。
- "Amplitude":单频调频电压信号的载波幅值。
- "Carrier Frequency":单频调频电压信号的载波频率。
- "Modulation Index":单频调频电压信号的调制系数。
- "Signal Frequency":单频调频电压信号的调制信号频率。

7. 线性受控源

线性受控源包括线性电压控制电压源"GSRC"、线性电压控制电流源"HSRC"、线性电流控制电压源"ESRC"及线性电流控制电流源"FSRC",符号如图 15-25 所示。

在放置元件前,按 Tab 键,可以修改元件的属性。

8. 非线性受控源

非线性受控源包括电压源"BVSRC"和电流源"BISRC",符号如图 15-26 所示。

在放置元件前,按 Tab 键,可以修改元件的属性。

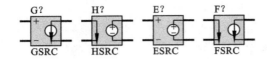

图 15-25　线性受控源符号

图 15-26　非线性受控源符号

15.4　仿真器的设置

仿真器的设置包括各种仿真方式都需要的通用参数设置和具体仿真方式所需要的特定参数设置。

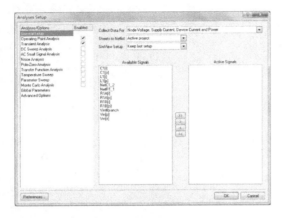

图 15-27　"Analyses Setup"对话框

在原理图编辑环境中,执行"Design"→"Simulate"→"Mixed Sim"命令,系统弹出如图15-27所示的"Analyses Setup"对话框。

在"Analyses Setup"对话框的左侧,列出了各种仿真模式,对话框的右侧显示了与选项相对应的设置内容。系统默认的是"General Setup",用于设置仿真方式的通用参数。

15.4.1　通用参数的设置

通用参数包括以下几项。

1. "Collect Data For"下拉列表框

"Collect Data For"下拉列表框用于设置仿真程序需要计算的数据类型,包括以下几类。

- "Node Voltage":节点电压。
- "Supply Current":电源电流。
- "Device Current":流过元器件的电流。
- "Subeircuit VARS":支路端电压和支路电流。
- "Active Signals":"Active Signals"列表框中列出的活动信号。

单击"Collect Data For"下拉列表,可以看到系统提供的几种计算数据组合,系统默认的是"Node Voltage,Supply Current,Device Current and Power"。用户可以根据实际的需求进行选择。一般建议选择"Active Signals",因为这样用户可以灵活地选择需要观测的信号,同时也减少了计算量。

2. "Sheet to Netlist"下拉列表框

"Sheet to Netlist"下拉列表框用于设置仿真程序作用的范围,包括以下几个选项。

- "Active Sheet":当前的电路仿真原理图。
- "Active Project":当前的项目。

3. "SimView Setup"下拉列表框

"SimView Setup"下拉列表框用于设置仿真结果的显示内容,包括以下几个选项。

- "Keep last setup":按照上一次的仿真设置,在放置结果中显示对应的信号波形。忽略"Active Signals"列表框中的信号。

- "Show active signals"：在放置结果中显示"Active Signals"列表框中信号的波形。

4．"Available Signals"列表框

"Available Signals"列表框中显示可供选择的观测信号，对于在"Collect Data For"下拉列表框中的不同组合，可以观测的信号也是不同的。

5．"Active Signals"列表框

"Active Signals"列表框中列出了仿真程序结束后，能够在仿真结果中显示的信号。在"Available Signals"列表框中选中某个需要显示的信号，单击 ⊳ 按钮，就可以将该信号加入到"Active Signals"列表框中，从而在放置结果中显示；在"Active Signals"列表框中选中某个不需要显示的信号，单击 ◁ 按钮，就可以将该信号移回"Available Signals"列表框；单击 ⊳⊳ 按钮，可以将"Available Signals"列表框中全部的信号加入到"Active Signals"列表框中；单击 ◁◁ 按钮，可以将全部的活动信号移回"Available Signals"列表框中。

15.4.2 仿真方式的具体参数设置

在 Altium Designer Summer 09 中，提供了 12 种仿真方式。

（1）"Operating Point Analysis"：工作点分析。

（2）"Transient/Fotuier Analysis"：瞬态特性分析和傅里叶分析。

（3）"DC Sweep Analysis"：直流传输特性分析。

（4）"AC Small Signal Analysis"：交流小信号分析。

（5）"Noise Analysis"：噪声分析。

（6）"Pole-Zero Analysis"：零-极点分析。

（7）"Transfer Function Analysis"：传递函数分析。

（8）"Temperature Sweep"：温度扫描。

（9）"Parameter Sweep"：参数扫描。

（10）"Monte Carlo Analysis"：蒙特卡罗分析。

（11）"Advanced Options"：设置仿真的高级参数。

（12）"Global Parameters"：全局参数。

下面以"Operating Point Analysis"和"Transient/Fotuier Analysis"为例，详细介绍各仿真方式的功能特点和参数设置。

1．"Operating Point Analysis"

工作点分析，就是静态工作点分析。该分析方式是在分析放大电路中提出来的。当我们让放大器的输入信号短路时，放大器就没有信号输入，即静态。如果静态工作点选择不合适，那么输出的波形就会失真。

在工作点分析方式中，电容看作开路，电感看作短路，然后计算每个节点的对地电压和流过每个元件的电流。对于该分析方式，用户不需要对其进行特定参数的设置，只需选中然后运行，如图 15-28 所示。

2．"Transient/Fotuier Analysis"

瞬态特性分析是一种时域仿真分析方式，从零时刻开始直到用户设定的结束时间，在窗口中显示观测信号的时域变化波形。傅里叶分析是和瞬态特性分析同时进行的,它属于频域分析,用于计算瞬态分析结果的一部分,显示观测信号的直流分量、基波以及各次谐波的振幅和相位。

在"Analyses Setup"对话框选中"Transient/Fotuier Analysis"分析方式,参数设置如图15-29 所示。

图 15-28　工作点分析方式　　　图 15-29　瞬态特性分析和傅里叶分析方式

"Analyses Setup"对话框中各项的含义如下。

● "Transient Start Time":瞬态仿真分析的起始时间,一般设置为 0。

● "Transient Stop Time":瞬态仿真分析的终止时间,需要根据实际的电路进行设置。

● "Transient Step Time":瞬态仿真分析的时间步长,需要根据实际的电路进行设置,如果设置得太小,会加大仿真程序的计算量;如果设置得太大,仿真结果不精确,不能反映信号的细节变化。

● "Transient Max Step Time":仿真的最大时间步长,一般设置为和时间步长值相等。

● "Use Initial Conditions":使用初始设置条件。

● "Use Transient Defaults":使用系统默认的设置。一般情况下,建议不要选择该项,用户可以对这个参数进行手工调整。

● "Default Cycles Dispalyed":设置电路仿真时显示的波形周期数。

● "Default Points Per Cycle":默认的每一显示周期的点数,它决定了曲线的光滑度。

● "Enable Fourier":用于设置是否进行傅里叶分析。

● "Fourier Fundamental Frequency":傅里叶分析中的基波频率。

● "Fourier Number of Harmonics":傅里叶分析中的谐波次数,一般使用系统默认值 10。

● "Set Defaults"按钮:单击该按钮,就会将所有的参数恢复为默认值。

3. 交流小信号分析

交流小信号分析将交流输出变量作为频率的函数计算出来。先计算电路的直流工作点,决定电路中所有非线性元件的线性化小信号模型参数,然后在设计者所指定的频率范围内对该线性化电路进行分析。

4．直流分析

直流分析产生直流转移曲线。直流分析将执行一系列表态工作点分析，从而改变前述定义所选择电源的电压，设置中可定义或可选辅助源。

5．蒙特卡罗分析

蒙特卡罗分析是使用随机数发生器按元件值的概率分布来选择元件，然后对电路进行模拟分析。

6．扫描参数分析

扫描参数分析允许设计者以自定义的增幅扫描元件的值。扫描参数分析可以改变基本的元件和模式，但并不改变子电路的数据。

7．扫描温度分析

扫描温度分析是和交流小信号分析、直流分析及瞬态特性分析中的一种或几种相连的。该设置规定了在什么温度下进行模拟。如果设计者给了几个温度，则对每个温度都要做一遍所有的分析。

8．传递函数分析

传递函数分析计算直流输入阻抗、输出阻抗及直流增益。

9．噪声分析

电路中产生噪声的元件有电阻器和半导体元件，每个元件的噪声源在交流小信号分析的每个频率计算出相应的噪声，并传送到一个输出节点，所有传送到该节点的噪声进行RMS（均方根）相加，就得到了指定输出端的等效输出噪声。

以上所有的分析方式，在"Analyses Setup"对话框中均可设置其对应的参数。

15.5 电路仿真

本节以完成如图 15-30 所示的电路原理图的仿真为例，详细介绍电路仿真的具体步骤。

1．绘制原理图文件

新建一个原理图文档，添加"Miscellaneous Devices.lib"和"Simulation Sources.IntLib"这两个库。绘制如图 15-30 所示的二极管伏安特性测试电路。

2．设置仿真器

在原理图编辑环境中，执行"Design"→"Simulate"→"Mixed Sim"命令，打开"Analyses Setup"对话框，然后对仿真原理图进行瞬态分析和直流扫描分析，如图 15-31 所示。

单击"DC Sweep Analysis"分析方式，设置相应的扫描参数，如图 15-32 所示。

3．运行仿真器

设置好"Analyses Setup"对话框之后，单击"OK"按钮，系统自动进行仿真，仿真完成后的二极管伏安特性曲线如图 15-33 所示。

当二极管两端的电压为正时，二极管导通，流过它的电流随着端电压的增大而增大；当二极管两端的电压为负时，二极管不导通，流过它的电流为零；当二极管两端的反向电压达到了一定的值后，二极管就会被反向击穿，流过它的电流会迅速增大。

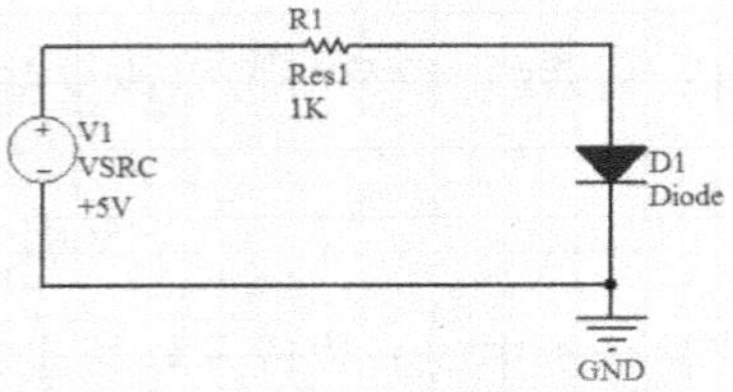

图 15-31　设置仿真分析对话框

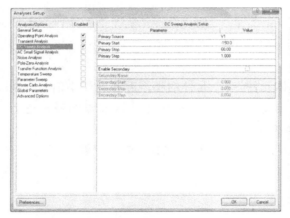

图 15-30　二极管伏安特性测试电路

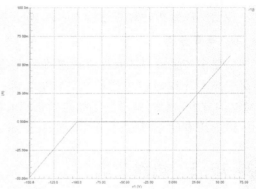

图 15-32　"DC Sweep Analysis"分析方式参数设置

图 15-33　二极管伏安特性曲线

本 章 小 结

　　本章主要讲述了 Altium Designer Summer 09 的仿真库中的特殊元件和激励源,以及介绍了如何设置仿真器,最后通过一个实例讲述了电路仿真的具体步骤和方法。

参 考 文 献

[1] 邓奕,马双宝,余愿,等. Protel 99 SE 原理图与 PCB 设计及仿真[M].北京:人民邮电出版社,2013.

[2] 邓奕.电子线路 CAD 实用教程[M].2 版.武汉:华中科技大学出版社,2014.

[3] 周冰,李田,胡仁喜,等. Altium Designer Summer 09 从入门到精通[M].北京:机械工业出版社,2011.

[4] 雍杨,陈晓鸽. Altium Designer Summer 09 电路设计标准教程[M].北京:科学出版社,2011.

[5] 陈学平. Altium Designer Summer 09 电路设计与制作[M].北京:电子工业出版社,2012.

[6] 韩国栋,赵月飞,娄建安,等. Altium Designer Winter 09 电路设计入门与提高[M].北京:化学工业出版社,2010.

[7] 王静. Altium Designer Winter 09 电路设计案例教程[M].北京:中国水利水电出版社,2010.